冰雹

周筠珺　曾　勇　罗喜平　邹书平　刘　平
杨　哲　沈　雨　鹿　原　刘霭薇　陈秋梅　著

气象出版社
China Meteorological Press

内容简介

本书针对地球系统中常见的灾害性降水形式——冰雹，进行了全面和系统的介绍。由于冰雹灾害在我国西南地区尤为普遍，因此对该地区威宁的雹暴降雹过程进行了重点的分析。全书分7章：第1章冰雹的基本特征，第2章雹胚与裂瓣，第3章冰雹的微测量与试验，第4章冰雹的双线偏振雷达观测研究，第5章冰雹与闪电，第6章雹暴系统中单体间的相互作用与降雹，第7章人工防雹作业及其观测。

本书内容丰富翔实，介绍简明扼要，方法明确实用，可作为大气科学类本科生与研究生的专业教材及相关科研人员的参考资料。

图书在版编目（CIP）数据

冰雹 / 周筠珺等著. -- 北京 : 气象出版社, 2023.12

ISBN 978-7-5029-8126-6

Ⅰ. ①冰… Ⅱ. ①周… Ⅲ. ①冰雹—研究生—教材 Ⅳ. ①P426.64

中国国家版本馆CIP数据核字(2023)第241010号

BINGBAO

冰雹

出版发行：气象出版社

地　　址：北京市海淀区中关村南大街46号　　**邮政编码：**100081

电　　话：010-68407112（总编室）　010-68408042（发行部）

网　　址：http：//www.qxcbs.com　　**E-mail：**qxcbs@cma.gov.cn

责任编辑：万　峰　张锐锐　　**终　　审：**张　斌

责任校对：张硕杰　　**责任技编：**赵相宁

封面设计：艺点设计

印　　刷：北京建宏印刷有限公司

开　　本：710 mm×1000 mm　1/16　　**印　　张：**8.25

字　　数：170千字

版　　次：2023年12月第1版　　**印　　次：**2023年12月第1次印刷

定　　价：50.00元

前　言

在地球系统中降水形式多样，降水粒子的尺度涉及微米至厘米，对其观测分析一直是大气科学研究与气象业务重点关注的内容之一。冰雹是所有降水粒子中尺度最大的一类，其降落至地面往往能造成严重的危害。

本书包括7章，主要内容是：冰雹的基本特征、雹胚与裂瓣、冰雹的微测量与试验、冰雹的双线偏振雷达观测研究、冰雹与闪电、雹暴系统中单体间的相互作用与降雹、人工防雹作业及其观测。

本书是在四川省科技计划项目（2022YFS0545）、国家自然科学基金项目（41875169）、第二次青藏高原综合科学考察研究项目（2019QZKK0104）、贵州省科技计划项目（黔科合支撑（2023）193号与（2022）206号）、贵州省人工影响天气办公室委托项目（SRYB-20231120-064）、云南省重点研发项目（202203AC100006）及南京信息工程大学气象灾害预警预报与评估协同创新中心的共同资助下完成的，在此一并表示感谢。

参与本书编著的主要作者有周筠珺、曾勇、罗喜平、邹书平、刘平、杨哲、沈雨、鹿原、刘霭薇、陈秋梅。由于作者的水平有限，书中遗漏及错误之处在所难免，敬请读者不吝指正。

作者

2023年冬于成都

目 录

前 言

第1章 冰雹的基本特征 …… 1

1.1 冰雹形成的基本条件 …… 1

1.2 冰雹增长的基本过程 …… 2

1.3 微物理循环对冰雹形成的作用 …… 4

1.4 气溶胶对雹云的影响 …… 4

1.5 冰雹的基本结构 …… 7

1.6 冰雹的基本形状 …… 8

1.7 冰雹的运动特征 …… 10

1.8 冰雹的尺度分布 …… 15

1.9 冰雹与雹暴基本关系 …… 17

1.10 冰雹的主要遥感观测方法 …… 19

1.11 大冰雹与冰雹在地面的累积 …… 24

参考文献 …… 25

第2章 雹胚与裂瓣 …… 32

2.1 雹胚的分类 …… 32

2.2 雹胚和冰雹增长的差异 …… 36

2.3 早期两种冰雹形成机制 …… 36

2.4 冰雹的裂瓣结构 …… 37

参考文献 …… 39

第3章 冰雹的微测量与试验 …… 41

3.1 雹暴上升气流入流水汽与冰雹生长层中氘含量的测量 …… 41

3.2 冰雹中的液水分布 …… 43

3.3　冰雹的显微探针分析 …… 44
3.4　实验室模拟的冰雹生长 …… 45
参考文献 …… 49

第 4 章　冰雹的双线偏振雷达观测研究 …… 51

4.1　双线偏振雷达资料质量控制 …… 51
4.2　双线偏振雷达的水成物粒子识别 …… 55
4.3　雹云的“Z_{DR}柱” …… 58
4.4　单体雹暴“Z_{DR}柱”演变特征 …… 61
4.5　多单体雹暴“Z_{DR}柱”演变特征 …… 68
参考文献 …… 76

第 5 章　冰雹与闪电 …… 78

5.1　引言 …… 78
5.2　研究资料与方法 …… 79
5.3　贵州省威宁地区雹暴分型及其闪电基本特征 …… 80
5.4　各类雹暴闪电活动特征 …… 82
参考文献 …… 89

第 6 章　雹暴系统中单体间的相互作用与降雹 …… 90

6.1　雹暴系统中单体间的相互作用定义及资料 …… 90
6.2　单次合并型雹暴过程 …… 91
6.3　多次合并型雹暴过程 …… 99
参考文献 …… 108

第 7 章　人工防雹作业及其观测 …… 109

7.1　人工防雹假设原理 …… 109
7.2　人工防雹的效果检验方法 …… 109
7.3　人工播剂的扩散 …… 111
7.4　多单体雹暴人工防雹作业的物理效果检验 …… 111
参考文献 …… 124

第1章 冰雹的基本特征

冰雹是雹暴天气系统中降落至地面的规则或不规则的冰块，世界气象组织一般认为其长轴尺度大于5 mm，在我国该阈值被定义为大于2 mm，而在美国该阈值则被定义为大于19 mm。降雹是雹暴天气中最主要的致灾性天气现象。冰雹所造成的损失与其尺度、质量密度、硬度及动能等密切相关，冰雹动能则随着其直径的增加而快速增加。平均而言，在全球范围内冰雹发生的频率远高于龙卷。雹暴发生时通常会产生大量的冰雹，其对工农业生产和人民的生命财产安全都会造成严重的危害。了解严重冰雹的空间和时间变化以及导致这些变化的物理因素，不仅可推进极端天气和气候学的发展，而且对减轻冰雹危害也十分重要。

1.1 冰雹形成的基本条件

雹暴中产生的冰雹有多种基本条件。冰雹产生需要的第一个基本条件，当雹暴中的冰相粒子尺度小于1 cm时，其可以作为冰雹的核心继续增长。所有尺度小于5 mm的凇附生长雪粒子通常被定义为霰(American Meteorological Society，2017)。这些粒子通常会成为雹胚，而雹胚主要以两种形式存在，即：霰粒子和冻滴(Federer et al.，1982)。还有一些其他的物质偶尔也会成为雹胚，如陆生的动植物等(Samenow，2015)。尽管有些雹暴中产生的冰雹，其雹胚可能包括所有的这些类型，但是Knight(1981)的研究则表明，当雹暴的云底温度较高时，其中形成冰雹的雹胚主要是冻滴，这些冻滴主要是雨滴在云中较低的高度碰并后，被上升气流带到更高的位置后冻结形成的。此外，降落至0 ℃层以下的霰粒子、冻滴、聚合物以及其他冰相粒子融化后，重新被卷回进入上升气流冻结也能成为冻滴雹胚。

当雹胚形成以后，冰雹的生长则需要第二个基本条件，即丰富的过冷液水。当过冷液水被雹胚收集后立刻冻结或一段时间后冻结，冰雹便逐渐长大。当被收集的过冷液水立刻冻结，这种过程通常也被称为凇附；若被收集后仍保持为液体则被称为撞冻。过冷液水主要是在雹暴的上升气流的作用下，通过云凝结核的活化、凝结核上的液水凝结、液滴的碰并增长、冰相粒子的融化/冻结循环等过程提供到雹暴系统中。大多数的研究都表明，尽管过冷水均质冻结的温度可低至－38 ℃，但是绝大多数冰雹的生长主要发生在－25 至－10 ℃之间(Ziegler et al,1983)。

在了解了冰雹形成的以上两种基本条件后,还需要明确的是,大冰雹的形成是需要时间的。只有冰雹停留在适宜增长的条件中时间足够长,才能够生长为大冰雹。有研究表明,大冰雹在雹暴生长区可停留 10～15 min,有时时间甚至会更长(Nelson,1983)。冰雹在雹暴系统上升气流中的路径或轨迹决定着其生长的时间。冰雹的生长轨迹是其下落的复杂过程,其受上升气流速度和雹暴中水平气流特征的影响。此外,上升气流的较大的宽度对于大冰雹的生长也是有利的因素,其不仅可以为冰雹生长提供较大的雹胚引入区域(Nelson,1983),而且也为冰雹生长提供较大的轨迹通道空间(Dennis et al.,2017)。当冰雹的生长轨迹投影至水平面时,则可以发现其明显的气旋性特征,并同时具有上升气流与下沉气流分支。

1.2 冰雹增长的基本过程

全球大多数冰雹都是源于大小不等(通常尺度小于 5 mm)的圆锥形霰的雹胚,其他的冰雹则可能是源于冻滴雹胚(包括:破碎的液滴、冰晶及具有平面的单晶盐)。液滴的晶体学特征以及在大气中冻结都与雹胚密切相关。

一些冰雹具有形状清晰且边界复杂的雹胚,然而由于这些雹胚太大而不能称其为冻滴,其形状与冻滴雹胚也存在一定的差异。在研究中也没有证据表明冻滴可生成霰。霰粒子转变为小雹是冰雹形成的关键过程。冰相粒子撞冻过冷液滴后,会发生"致密化"变化,进而达到冰和水之间的密度,这个过程对于研究冰雹的增长尤为重要。在分析冰雹的生长过程时,通常假设发生了不规则的翻转,从而在所有的方向上都发生了增长。自由下落冰雹的旋转与回转频率可达到 15 Hz,有时甚至更高。

当所有的冰雹形成条件都得以满足时,大冰雹便可形成。冰雹主要是雹胚通过收集雹暴上升气流中过冷的液态云滴与雨滴形成的(Pruppacher et al.,1997)。在一些过程中,冰雹还可以通过水汽的凝华而长大(Nelson,1983)。值得注意的是,冰雹之间的"聚并"与"凝结"在雹暴系统中并不会发生,当然也不会就此进行相应的数值模拟。

一般而言,可以从微物理的角度界定不同的冰雹形成物理过程与机制。这些冰雹形成机制会因液态水含量、环境温度、冰雹表面温度以及冰雹尺度的不同而有较大的差异。在冰雹的增长过程中存在两个最主要的机制,即:干增长与湿增长(Lamb et al.,2011),二者的区别在于冰雹增长过程中,其表面为固态的冰还是液态的水。值得注意的是,事实上还存在介于这两种机制之间的一些"中间机制"(如海绵增长,即:在冰雹增长过程中液水存在于冰结构中(Lesins et al.,1986))。

从理论上讲，可利用能量平衡方程分析冰雹的增长过程(Pruppacher et al.，1997)。冰雹在增长过程中收集的过冷液水冻结，将使得冰雹表面通过焓值释放而被加热。在干增长过程中，冰雹的热量平衡主要涉及 3 个因素，即：①水汽凝华加热率；②云水撞冻冰雹表面的加热率；③剩余热量向空气中的传导。这些因素将使得冰雹表面的温度高于环境温度，并使得冰雹表面的热量向外传输。有赖于冰雹表面附近和周围环境的温度和水汽的浓度，可能会发生升华或凝华，分别导致冰雹表面的冷却或加热。

在冰雹快速增长的过程中，冰雹表面的温度通常高于环境温度(Heymsfield，1982)。在这样的过程中，尽管环境处于液水饱和状态，但是升华可能会与过冷液态水的收集同时发生(Cober et al.，1993)。在该过程中，即使周围的环境温度非常低，冰雹表面的温度还是可能会高于 0 ℃。如果这种物理过程发生，便会发生液滴在冰雹表面的撞冻现象，在这一过程中便会发生冰雹的湿增长。通过热能量方程便可获得湿增长所需的过冷液体含水量阈值(Lamb et al.，2011)，该阈值便是 Schumann-Ludlam 极限值(Ludlam，1958；Schumann，1938)。

冰雹表面存在非冻结的液水对于冰雹的增长是非常重要的。第一，这可以改变热能平衡方程，能量通过液水传输，从而可改变热导率。此外，液水从冰雹表面蒸发，而撞冻的过冷液滴温度通常高于 0 ℃。第二，若冰雹增长还存在其他的途径，冰雹表面的液水会增加冰雹的收集小冰晶的效率。第三，液水还可改变冰雹下落的拖曳特征，从而影响其下落特性与下落速度。第四，冰雹表面或其内部存在液水，将改变其电磁散射特性，从而影响其后向散射截面，进而影响雷达探测冰雹时的回波特征。

在大多数对于冰雹的形成、增长及融化的理论分析与数值模拟研究中，冰雹的形状被认为是球形或近似球形。然而，自然的冰雹则呈现出大量的不规则形状，以及被称之为“裂瓣”的突起。冰雹的不规则形状将改变其增长率与热能平衡，且会使得对于微物理过程的处理变得更加复杂。在真实的冰雹上观测到的裂瓣可以被分为两类，即：尖瓣与柱瓣(Knight et al.，1970)。尖瓣通常认为是在干增长条件下形成的，其可以显著地影响冰雹的收集效率。当冰雹翻滚时，表面上的任何凸起都会优先收集过冷液滴，可以从更宽的冲击角度，增强其增长过程。同时，这种凸起将屏蔽附近的区域，使其缺乏过冷液滴，从而抑制其生长。冰雹在增长过程中的非线性效应，会使其以牺牲相邻区域为代价，生成尖瓣或扇形瓣。柱瓣通常可在质地清晰的冰雹上看到，这说明其是在湿增长过程中形成的。柱瓣中存在很薄的增长层，这表明薄层液水冻结与柱瓣形成过程是类似的。柱瓣被认为是在冰雹落下时气流产生的流体动力学效应的影响下，从冰雹表面流到突起尖端的液体产生的。在极端情况下，柱瓣可能会变得非常突出，并从主冰雹体向外延伸出较长的距离，从而形成高度轴向的冰雹，有时甚至延伸得比尖瓣更远。

1.3　微物理循环对冰雹形成的作用

目前对于冰雹的生长过程已有了较多的认识，其中的共识是，冰雹生长至一定的尺度，且下落末速度达到一定的量值，都经历了较为复杂的微物理过程。特别是对于较大的冰雹而言，其生长轨迹尤为特殊。只有雹云内液态水含量高的区域才能为大冰雹提供快速增长的条件，从而减少大冰雹发展所受到的动力约束。据此建立模型的研究结果发现，冰雹可能呈“海绵状”，其含水量为 60%～90%，然而这与地面实际观测冰雹 0%～15%含水量则存在较大的差异(Browning et al.，1968)。

Pflaum 等(1978)认为，由于低密度凇附与湿增长过程的变化，冰雹的下落末速度会出现较大的波动，而雹云的微物理循环过程则有助于生长冰雹在雹云中的“悬浮”。

雹云中冰雹凇附增长过程中，观察自由下落的冻滴，悬浮冻滴的垂直气流速度会持续明显地降低，这种现象在冰雹生长过程中也能够观测到。

传统的冰雹生长概念模型认为，高密度生长的冰雹假设进入有利于低密度干生长的云层区域中，在其后的生长过程中下落末速度降低，从而被上升气流送入更高的云层中。在较高的云层中，湿增长使得前期凇附增长体在过冷水充分的环境中完成，而其后的冻结使其密度接近于地面的采样结果。冰雹增长过程中下落末速度变化明显，从而使得冰雹在云中高低层之间往复运动，进而使得冰雹的微物理过程也发生了循环变化。

雹云中霰粒子的增长对于冰雹的形成至关重要，霰粒子密度较低，而其继续低密度增长至冰雹尺度则较为困难，而随后的湿增长和冻结则将产生高密度的冰雹。然而，这类过程并不能产生垂直方向的循环，冰雹增长所需要的上升气流弱于传统理论中高密度冰增长所需的上升气流。由于基本理论相似，而冰雹增长过程中的净效应是减小冰雹形成过程中对于上升气流的依赖。因此，冰雹增长所涉及的微物理循环过程主要包括：低密度冰的形成、湿增长以及冻结形成高密度的冰雹。

1.4　气溶胶对雹云的影响

气溶胶浓度是影响强雹暴活动的重要因子，如中美洲生物质燃烧使得该区域内雹暴明显增多，气溶胶可影响对流强度、冰雹的形成过程，并通过气溶胶与云的相互作用(气溶胶可活化为云凝结核与冰核)(Lebo，2014)，以及气溶胶与辐射的相互作用(吸收太阳辐射、改变大气温湿度廓线及稳定度)(Fan et al.,2015),影响冰雹的生长。然而,气溶胶影响雹云还有赖于CAPE(对流有效位能)、风切变以及相对湿度等因子,而气溶胶浓度可随气象条件而变化。相对于气溶胶效应,可能对流特性对雹暴会产生更强的影响。

环境气溶胶对于冰雹生成及增长影响也是学术界所关注的研究领域。从理论上讲,气溶胶可以被引入对流云的上升气流中,从而作为云凝结核、冰核,或者不发生任何的变化,同时也不参与云内的微物理过程(Lamb et al.,2011)。部分的气溶胶粒子对于云中冰雹形成所需的关键水成物粒子(诸如:液滴及冰相粒子)至关重要。实验室研究表明(Li et al.,2018),冰雹中存在Na^+、K^+、Mg^{2+}、Ca^{2+}、Cl^-、NO_3^-、$SO_2{}^{4-}$、NO_2^-、$HCOO^-$以及CH_3COO^-等离子,这些粒子源于直径小于10 μm颗粒物。

液滴在低于−38 ℃的条件可均质冻结为冰相粒子。事实上,在大多数情况下,大气中存在矿物质、生物质(如:花粉、细菌、孢子以及浮游生物等),或火山灰冰核,可以在较高的温度下形成冰相粒子(Vali et al.,2015)。由于在实验室或云中监测冰核较为困难,自然界中实际的冰核浓度和组成成分很难准确获知,对于其基本变化特征的了解也较少。尽管冰核的来源或类型复杂多样,但是雹暴中普遍存在的冰相粒子表明,其中必然存在大量的冰核。

雹暴中云凝结核与冰核对于冰雹的形成至关重要。很多对于冰雹的研究,主要是从防雹开始的(Federer et al.,1986)。为了发展有效的防雹技术,同时又不减少降水,就需研究雹暴微物理特征。

人工防雹的主要原理是将冰核引入雹云中(也称之为播云),从而尽早地在雹云里将过冷液水转化为冰相粒子,进而"关闭"冰雹增长的主要过程,即:雹胚对过冷液水的收集。尽管对于冰雹形成过程认识尚有限,但是人工防雹试验一直在持续开展,且研究结果也较有争议。人工防雹的核心是将雹云中某一区域中的过冷水转变为冰相粒子,从而迟滞冰雹的增长。当考虑到冰雹生长的微物理循环过程,则不难想象在一些雹暴系统中利用冰核对雹云进行催化将延长冰雹的增长过程,或使冰雹增长得更大。如果人工防雹降低了雹云特定区域的含水量,这将额外产生或延长冰雹的低密度淞附增长过程,进而最终产生更大的冰雹。此外,在防雹作业中,应尽可能消除或减小雹云中冰雹的低密度淞附增长区域,从而在雹云尽早产生降水或减小冰雹的尺度。Browning和Foote(1976)认为,雹暴中的弱回波区或穹窿区域云水向降水的转化率较低,而这样的低效率区域则可能有利于雹暴中冰雹的低密度淞附增长。事实上,在雹暴中自然的降水过程将抑制冰雹的生长,而防雹作业可在雹胚低密度增长区域引入大吸湿性核或液滴激发云滴的碰并,这样的催化作业将改变云滴谱,从而减小冰雹低密度淞附增长的可能性。当雹云中的"Langmuir链式反应(langmuir chain reaction process)"持续发生,降水将减小雹暴系统中上升气流的强度，进而导致系统中较早地形成降水，从而减少了冰雹形成的机会。此外，在云中激发的云滴碰并过程将增加其降水效率。Young(1977)认为，通过大滴催化可抑制冰雹的生长，而且同时可以增加降水。Ludlam(1958)认为，在雹云底实施的吸湿性催化可能是碘化银催化的替代方案。苏联外高加索水文气象研究所开展的消雹工作较为成功，其防雹技术就包括在云底实施的吸湿性催化(Lominadze et al.，1974)。大气中微物理循环是冰雹生长的可能模式，该机制将降低弱上升气流中较大的低密度冰雹生长对系统动力阈值的要求。雹暴系统中强上升气流的作用是产生渗透性湿增长，使多孔的冰结构中充满过冷水，进而冻结成为高密度冰雹。

目前全球范围内许多地区，对防雹的研究一直在持续开展。对于超级单体等能产生较多冰雹的雹暴，理论和实际观测分析表明，防雹作业对冰雹产生的影响可能是微不足道。近年来，由于越来越多的研究表明，云凝结核对于雹云中各类相态水成物粒子的微物理过程均有明显的影响，其对于冰雹生成产生的影响也尤为重要，因此该问题逐渐受到学术界的关注(Rosenfeld et al.，2008；Lebo et al.，2014)。大量的数值模拟研究也表明，云凝结核对冰雹生成具有单调递增效应，云凝结核增加会使得过冷液滴更多地形成，从而增加雹胚或小雹的撞冻或凇附过冷液滴的机会(Khain et al.，2011；Yang et al.，2011)。然而，也有一些研究表明，云凝结核的作用并非为单调递增效应。Lebo(2014)的研究则发现，低层气溶胶的扰动对于中层模拟雹暴微物理过程的影响很小，然而通过夹卷进入中层的气溶胶粒子在雹暴的云微物理过程中则起了较为重要的作用。更为复杂的是，模拟表明，云凝结核与冰雹生成之间的关系取决于模式网格间距、微物理方案、方案选择的复杂性、环境条件以及对流的触发机制等(Fan et al.，2016)。当然，以上所提到的研究，很多还都是个例研究。在不同的环境下，云凝结核的分布对冰雹的影响可能随着不同的输入层结变化而变化。Fan 等(2009)研究发现，气溶胶对于模拟的雹暴的影响是随着垂直风切变的增加而变化的。Lebo(2018)证明了 Rosenfeld 等(2008)提出的对大量液滴增加潜热的气溶胶增强作用很小，可能根本无法测量。特别是当环境风切变的微小变化引起的上升气流宽度和斜率，可能是由各种输入热力学剖面上的环境风切变的微小变化引起时，这种情况就更加明显。然而，值得注意的是，数值模拟研究高度依赖于模式的设置、输入参数的变化范围、微物理参数方案的建立和选择等，这些也是学术界极为关注的一些基本问题。事实上，由于冰雹的生长机制与雹暴动力过程密切相关，因此，从微物理过程的角度来看，云凝结核对于冰雹的生长有利与否，在很大程度上仍然没有定论。由于一方面雹暴微物理特征具有很大的复杂性，目前仍缺乏对其充分观测；另一方面简化的参数化方案和数值模式无法准确地模拟雹暴微物理过程，因此，以上研究之间存在较大的差异。冰雹在生成过程中经历了一些重要的物理阶段，其中融化、凝华、凇附以及相应阶段热量平衡等问题，在“双参”微物理方案的模式中并不能很好地处理。Lebo 等(2012)的研究指出，整体方案中的饱和度调节方案中，若所有相对于水的过饱和都转化为液态水，将高估由增加云凝结核而产生的额外热量。即使在一些分档模式中使用了简化的二维动力框架，其并不能准确反映雹暴中上升气流与冰雹的生长轨迹。

1.5　冰雹的基本结构

通过冰雹的微物理生长过程，其形状、大小、质量和内部结构等存在着相互关联的关系。在冰雹的干增长阶段，过冷液水被即刻冻结于冰雹表面，从而气泡也被冻结于其中；而快速的冻结也将导致冰结构的破碎或断裂。冰雹中的气泡和不规则的冰结构汇向所有的散射可见光，从而形成冰的白色或乳白色外观。由于在冰雹干生长过程中存在较多的气泡、断纹和缝隙，形成的冰结构具有明显低于纯冰的密度。比较而言，在冰雹的湿增长阶段，液水被保留在冰雹表面，可以浸润并充满冰结构之间的缝隙，浸润以及随后的冻结将进一步增加冰雹的密度(Rasmussen et al.，1987)。液水在冰雹表面的缓慢冻结，气泡可以完全逸出，液水可以均匀分布于冰雹表面，从而可以形成更清澈、体积密度更高的冰。冰雹的干湿生长状态会交替出现，从而形成不透明与透明相间的冰圈。然而，这些交替出现的冰雹圈层结构，并不能完全说明冰雹在雹暴中经历从上及下的多次往复运动。

冰雹降落至地面后获取的物理测量基本参量，主要包括：最大直径、质量、密度和基本形状(轴比)等。然而，硬度和强度等参量却较难进行定量化的测量(Blair et al.，2012；Heymsfield et al.，2018)。冰雹通常为椭球体，平均最小与最大直径的轴比近似为 0.8(Knight，1986)。冰雹的质量和最大直径之间的关系遵循指数关系，其与相同直径的纯冰球体的预期指数关系存在一定的差异(Heymsfield et al.，2014)。Knight(1986)通过收集美国和加拿大的冰雹样本计算了冰雹轴比，这些结果表明冰雹的球形度随着最大直径的增加而减小，这与 Heymsfield 最近发现的结果是一致的。轴比从冰雹尺寸接近 5 mm 时的 0.95 下降到直径 50 mm 时的 0.6。这一变化特征对于冰雹相应参量的计算尤为重要，在很多简化的计算中，冰雹形状被近似视为球形。一些研究中表明(Browning et al.，1967；Carte et al.，1966)，冰雹的形状根据其外观可分为：圆锥形、球状和不规则形(其中包括所有有明显突起外形的冰雹)。为了进一步量化冰雹形状，Heymsfield 等(2014)使用冰雹的数字照片来确定冰雹表面积与相同直径圆面积的比率，通过对数百个比率样本的分析，发现平均值和中值分别为 0.77 和 0.78，这进一步说明冰雹的基本形状为扁球形。值得注意的是，这些研究中，许多都是对落在地面上的冰雹进行的定量测量，其中融化或与地面碰撞可能会使突起结构消失而变圆。目前还不清楚融化是否会使地面冰雹的观测偏向更扁的形状。Giammanco 等(2017)利用三维激光扫描系统对冰雹实际扫描建立了分辨率为 0.008 cm 的冰雹外形模型，利用这些模型可以将扫描冰雹的体积与相同最大直径的球体的体积之比进行比较。这些新的研究结果也证明，随着冰雹尺度的增加，其偏离球形的程度就越大(Heymsfield et al.，2018)。

冰雹的材料特性远没有其基本的几何外形特性受到的关注多。以往的研究中，冰雹的质地通常被分为坚硬、柔软或松散。冰雹的硬度或强度通常被认为是与密度有着明确相关关系，但这些并没有可支持其成立的定量证据。冰雹破坏性与其材料特性有着密切关系。任何物质的硬度特性都由其强度、拉伸和压缩强度以及其他因素(如延展性、弹性刚度、黏弹性等)决定。对于冰而言，其强度是由冰粒形成的温度、冰粒的尺度和施加应变的速率决定的(Swift，2013)。自 20 世纪 80 年代以来，标准实验室测试设备匮乏，在外场直接测量自然冰雹这些特性十分困难。Giammanco 等(2015)开发了一种合适的外场测试压缩应力的设备，该应力可被用以作为指示冰雹硬度的指标。测试时可以获取冰雹破碎时的峰值压缩力，并可用冰雹的横截面积进行成比例的分析，即：可以进行冰雹断裂平面的近似分析，计算量可以估算出单轴抗压强度。在整个计算过程中样本量超过 900 个，试验中压缩力强度的变化范围介于从几乎不可测量的微小至高于压碎纯冰球强度的数量级之间。三维激光扫描技术的出现使得分析冰雹密度与强度之间的关系有了更多的选择，然而，研究表明冰雹密度与强度之间并没有直接的联系。由于冰雹干湿增长的物理特性有着较大的差异，冰雹径向分布密度及其生长区的温度与冰雹压缩力强度有着更加直接的联系。

1.6 冰雹的基本形状

众所周知，冰雹会呈现出各种形状，有时外表会存在较大的突起。冰雹形状特征也用于解析雹暴热动力特性，特别是冰雹在雹暴中的阻尼系数、翻滚特性、下落末速度和动能等参数。冰雹结构与形状对于雹暴的雷达探测和数值预报中微物理参数化方案的确定都有着直接的影响。

雹暴中自然形成的冰雹形状多样，这与其增长过程、运动轨迹和下落特性密切相关。有时冰雹的增长环境含水量较高，其湿增长条件较好，容易形成明显的裂瓣和凸起的结构(Knight et al.，1970)。干增长条件下增长的冰雹形成的裂瓣和凸起则相对较小。尽管冰雹形成的自然条件存在较大的差异，但是在多数的冰雹增长或融化模型(Kumjian et al.，2020)、冰雹的雷达探测和尺度计算模型(Ortega et al.，2016)以及数值天气预报的参数化方案中(Morrison et al.，2015)，均将冰雹的形状简化为球形。人们之所以关心冰雹的形状，主要的原因如下：①冰雹形状影响着其与环境之间的热量传输，从而影响冰雹的增长与融化速率模型的建立（Kumjian et al.，2020）；②冰雹形状，特别是一些不规则的裂瓣与凸起还将影响其电磁散射特性（Jiang et al.，2019），从而影响雷达及卫星的冰雹探测算法；③冰雹形状还将影响其下落过程中的拖曳系数（Chhabra et al.，1999），从而影响其下落速度（与冰雹动能及潜在危害密切相关（Heymsfield et al.，2018））和下落时的翻滚与旋转等姿态（影响偏振雷达的散射特性（Kumjian，2018）），而受影响的冰雹下落速度对于雹暴动力结构和雹暴的持续时长都有明显的影响（Bryan et al.，2012）。

事实上，由于冰雹不规则的形状很难被准确测量，因此，在多数的研究中都对其进行了简化处理。Knight（1986）分析了冰雹的主次轴比，并定义为“轴比”，从而将冰雹形状简化为球形。Brown-Giammanco 和 Giammanco（2018）则测量了冰雹的 3 个正交轴，认为冰雹的形状更接近椭球体。美国商业和家庭安全保险协会（Insurance Institute for Business and Home Safety，IBHS）对地面收集到的冰雹的 3 个正交轴（其中，3 个轴分别定义为最大轴、最小轴和中间轴，即：$D_{\max}$、$D_{\min}$、D_{int}）进行了系统的测量。$D_{\max}$的范围介于 0.5 cm 至 12 cm 之间，而绝大多数则小于 5 cm。进而定义了最小轴比及中间轴比（Shedd et al.，2021），分别如下：

$$\varphi_{\min}=D_{\min}/D_{\max} \tag{1.1}$$

$$\varphi_{\text{int}}=D_{\text{int}}/D_{\max} \tag{1.2}$$

而冰雹的估算体积可由下式计算：

$$V=\frac{\pi}{6}(D_{\max}\times D_{\min}\times D_{\text{int}}) \tag{1.3}$$

当冰雹只有 2 个测量轴，整体呈扁球形时，则有：

$$V=\frac{\pi}{6}(D_{\max}\times D_{\max}\times D_{\min}) \tag{1.4}$$

当冰雹只有 2 个测量轴时，扁球形的表面积则为（Beyer，2002）：

$$S_{\text{obl}}=\frac{\pi D_{\max}^2}{2}+\frac{\pi D_{\min}^2}{4\varepsilon}\ln\left(\frac{1+\varepsilon}{1-\varepsilon}\right) \tag{1.5}$$

其中，ε 为偏心率，具体可由下式表示：

$$\varepsilon=\sqrt{1-\varphi_{\min}^2} \tag{1.6}$$

当有 3 个测量轴时，椭球体的表面积则为（Thomsen-Cantrell 公式）：

$$S_{\text{ell}}\approx\pi\left[\frac{(D_{\max}D_{\text{int}})^{1.6}+(D_{\max}D_{\min})^{1.6}+(D_{\text{int}}D_{\min})^{1.6}}{3}\right]^{1/1.6} \tag{1.7}$$

若冰雹等效体积表面积为 S_{eq}，其 3D 激光扫描得到的实际表面积为 S_{msr}，则冰雹不规则性度量参数，球度 Ψ 则为：

$$\Psi=\frac{S_{\text{eq}}}{S_{\text{msr}}} \tag{1.8}$$

对于光滑的球形冰雹而言，$\Psi=1$；对于 $\varphi_{\min}=0.7$ 的扁球体而言，$\Psi=0.977$

(Knight，1986)。

事实上，对于自然冰雹而言，Ψ 的分布与 D_{max} 有着密切的关系。绝大多数冰雹的 Ψ 值接近于 1，其平均值为 0.9374，但该值的分布范围还是相对较大的，总体介于 0.6～1.0(Shedd et al.，2021)。

1.7 冰雹的运动特征

1.7.1 冰雹的下落末速度与动能

冰雹下落末速度和动能的准确获取，对于数值预报的参数化及材料应力的测试都有重要的应用价值(Punge et al.，2014；Schuster et al.，2006)。这些参数与冰雹的尺度密切相关。冰雹的尺度、形状以及下落翻滚时的取向都会影响冰雹在系统中受到的拖曳力。拖曳力将限制冰雹到达地面的速度，同样也会影响作为冰雹质量参数的冰雹动能。通常冰雹动能与冰雹下落末速度的二次方成正比。在以往多数的研究中，因为冰雹通常被认为具有光滑的球形表面(Achenbach，1974)，所以形成了工程应用中较为广泛的冰雹"尺度—动能"关系(Laurie，1960)。

在已有的文献中，虽然霰与雹的下落末速度都是其尺度的函数，但是二者还是存在较大的差异。霰粒子形成后，可充当增长冰雹的雹胚。霰与雹在下落过程中，二者的拖曳系数(C_D)有着较大的差异。观测表明，冰雹或冰球的表面特征(如尖端、突起和液态水)对 C_D 都有很大影响，因而对冰雹的下落末速度及动能也会产生相应的影响。Bilhelm 和 Relf(1937)根据试验中的物理测量(Millikan et al.，1933)发展了 C_D 与雷诺数(R_e)。试验中，冰球被拖在飞机后面，对 C_D 进行了直接的测量。试验结果表明，在较强的湍流中，随着 R_e 的增大，C_D 则迅速减小。相对不连续性中的 R_e 通常被称为"超临界雷诺数"。根据 C_D 值可确定下落末速度和冰雹直径之间的关系，其中拖曳力的快速减小可使得冰雹下落末速度增加(Bilhelm et al.，1937)。

冰雹的形状可直接影响其拖曳系数 C_D，从而影响其下落特性。冰雹的拖曳系数与其下落末速度 v_t 成反比，冰雹拖曳系数的增加会使其下落末速度与动能减小。冰雹的裂瓣则会增加其表面的粗糙度，可使其表面更加的不规则，进而影响冰雹的拖曳系数 C_D。风洞研究表明(Theis et al.，2020)，当裂瓣的长度达到最大尺度的 20%(如：6 mm)，C_D 则增加至 0.57，远大于同尺度无裂瓣时的 0.45。

Heymsfield 和 Wright(2014)利用大量的对于霰和雹的观测数据，重新分析了 C_D 与 R_e 的关系，从而将其应用于对自然冰雹物理性质分析和定量中。为了研究下落末速度，研究中使用了无量纲的戴维斯数。该方法的优点在于，可以更加定量地分析冰雹性质及其环境条件。自然冰雹可能不会达到临界雷诺数范围，而对于光滑的冰球也很难观测到非常低的 C_D 值。冰雹的最大直径 D 与下落末速度 v_t 和动能 E_k 的关系分别如下：

$$v_t = 12.43 D_{eq}^{0.4792} \tag{1.9}$$

$$E_k = 0.0271 D_{eq}^{4.31} \tag{1.10}$$

以上 2 个公式是基于 3200 多个冰雹的样本得到的，其适用于在 1000 hPa 压力下大于 1 cm 的冰雹。研究样本中只有 5.1%为 4 cm 以上的冰雹，1.07%为 5 cm 以上的冰雹，而最大直径的冰雹也是通过推断得到的。对以上 2 个公式的验证是在一个垂直风洞中利用一个 3D 打印的冰雹模型进行的。虽然冰雹形状的样本有限，但这些结果证实了 Heymsfield 和 Wright(2014)的拟合关系是有依据的。这些结果也表明，Bilhem 和 Relf(1937)的分析可能高估了非风力条件下自然冰雹的潜在破坏力。然而，这些分析结果所依赖的基本空气动力学阻力系数仍然是基于理想化研究得到的近似值，研究中并没有考虑冰雹翻滚等因素。事实上，复杂的雹暴出流垂直方向的风场对冰雹轨迹的影响目前研究得并不深入，这增加了对于冰雹轨迹认识的不确定性。雹暴出流中的强风可能会使得冰雹的下落末速度和动能高于公式计算得到预期值。目前对于冰雹下落末速度和动能的直接现场测量仍然较少。尽管一些研究人员使用了基于摄影的测量仪器，但这种仪器往往不够坚固，无法承受大冰雹的反复冲击，因而不能获取有效的可用于研究的数据。3D 扫描与 3D 打印技术的兴起，为研究冰雹的空气动力及翻滚等特征提供了新的可能，特别是将 3D 打印的冰雹模型放入垂直风洞可以更加真实地获取物理参数(Heymsfield et al.,2018)。

对于球形冰雹粒子而言，当 C_D 为定常值时，运动方程的稳定解是下落末速度(Pruppacher et al.,1996)，即：

$$v_t = \sqrt{\frac{4\rho_h g D}{3\rho_a C_D}} = \sqrt{\frac{4\rho_h g}{3\rho_a C_D}}\sqrt{D} = v_0 D^{1/2} \tag{1.11}$$

其中，ρ_h 为冰雹的体积密度，ρ_a 为空气密度，g 为重力加速度。

1.7.2　冰雹凇附增长过程中的下落末速度

冰雹凇附增长过程中的下落末速度可由下式给出(Pflaum,1980)，即：

$$v_t = \left(\frac{2g^*}{\rho_a C_D}\right)^{1/2}\left(\frac{M}{A}\right)^{1/2} \tag{1.12}$$

其中，$g^* = g[1-(\rho_a/\rho_p)]$，$g$ 为重力加速度，ρ_a 为空气密度，ρ_p 为冰雹粒子的总密度，C_D 为拖曳系数，M 为冰雹质量，A 为横截面积。对于冰雹而言，下落时冰雹拖曳力($D=Mg^*$)，则具体可由下式表示：

$$D = \frac{1}{2} C_D A \rho_a v_t^2 \tag{1.13}$$

若冰雹可发生连续的低密度增长过程，则其下落末速度可由下式表示：

$$v_t=\left(\frac{2g^*}{\rho_a C_D}\right)^{1/2}(\rho_p R)^{1/2} \tag{1.14}$$

其中，R 为冰雹粒子的半径。

对于球形粒子而言，雷诺数 R_e 介于10^3 至10^5 之间，C_D 则通常被认为是常数，R_e 则可由下式表示：

$$R_e=2Rv_t\rho_a/\eta_a \tag{1.15}$$

其中，η_a 为动力粘滞系数。

因此，假设冰雹为球形，将冰雹生长限制在相应的高度上，则式(1.14)中的第一项可被认为是常数，在这种情况下，对于各尺度的冰雹，下落末速度将随其密度的减小而减小。

若冰雹的密度较高($\rho_p=0.9\ g\cdot cm^{-3}$)，通过低密度淞附生长，可认为式(1.12)中左边第一项是常数，假定冰雹的横截面的增加快于其质量的增加，则冰雹的下落末速度随着尺度的增加而减小。随着冰雹下落速度的减小，云滴速度对于冰雹的影响及冰雹对于过冷液水的获取效率也将降低，使得冰雹的潜热释放量也将降低，进而冰雹表面的温度也随之降低。

Macklin(1962)认为冰雹生长过程中密度可由以下经验公式给出：

$$\rho=0.11\left(-\frac{rv_0}{T_S}\right) \tag{1.16}$$

其中，r 为云滴平均体积半径(μm)，v_0 为云滴的影响速度($m\cdot s^{-1}$)，T_S 为冰雹的表面温度。

若冰雹的密度不大于 $0.5\ g\cdot cm^{-3}$，则认为其处于低密度状态。当冰雹半径超过 0.5 cm，其进一步的生长会使其密度接近于 $0.9\ g\cdot cm^{-3}$，因此，低密度生长过程是冰雹生长中的过渡阶段。冰雹上增长的冰层密度是云环境与冰雹尺度的函数。如果增长的冰雹向环境空气传输热量，可使其表面的液水冻结，这个过程便称之为干增长。其增长的条件是冰雹在相对较短时间内可收集大量的液滴。由于冰雹收集到大量液滴，过冷液水冻结释放的潜热，而冰雹向空气中传输热量不充分，因此热量传输受限将使其保持非冻结状态，则该过程称之为湿增长(Ludlam，1950)。在这个过程中一些液水将留在冰结构中，而其余的则会脱离冰雹。当湿增长过程发生在冰雹的固态表面上时，过冷液水的留存量只有 15%左右。如果湿增长发生于淞附增长的多孔表面之上，过剩的液水将会填充于这些孔洞空间内，这个过程与海绵吸水是类似的。通过这一过程产生的冰雹层都明显地包含一定量的液水。通常地面上收集到的冰雹液水含量不足 15%，这说明冰雹“海绵层”中的相当一部分液水在其到达地面之前发生了冻结。

冰雹从生长层下降至 0 ℃环境层处，可能至多只需要 8 min。在这个下落过程中，环境平均温度约为－20 ℃，且该环境水汽压接近于冰面饱和(Chalon et al.，1976)。

在实际大气中，不存在表面光滑完全球形的冰雹。因此，需要讨论理论上的这类近似是否会影响研究结果的代表性。Macklin 和 Ludlam(1961)认为，当冰雹粒子偏离球形而接近于扁球形，其拖曳系数将增加。因此，扁球形冰雹的下落末速度低于理论球形冰雹的下落末速度。较低的冰雹下落末速度意味着与其撞击的云滴相对速度较小，进而冰雹对于过冷液水的获取率与冰雹表面的温度也较低。与此同时，冰雹的扁率将使其表面积大于球形粒子，从而增加了其向环境传输的热量，这使得冰雹的生长更倾向于干增长。随着扁球形冰雹的横截面的增加，其对于过冷液水的获取率将增加，然而，减小的下落末速度将降低其通风效应，进而减小其热传输率，这些效应将使得冰雹的增长倾向于湿增长。

Macklin 和 Bailey(1961)认为，表面并不光滑的冰雹对于小云滴的收集效率远低于理论值。若雹云中小云滴较多，与光滑球形冰雹近似而言，冰雹生长则更倾向于干增长，对于较大的具有裂瓣的冰雹而言，其向环境的热传输率明显高于理想的球形冰雹，其在小云滴区域则倾向于干增长，但是，在大云滴区域中湿增长的发生则是不可避免的，且随着热传输率的增加将有助于冰雹中过冷液水的冻结。总的来说，研究中对于冰雹的“光滑球形”近似，并不会从本质上影响对于冰雹形成机制的讨论。将实际冰雹进行现实考虑时，则会增加低密度淞附增长的机会，并同时使得冰雹的“海绵层”更快地发生冻结。

冰雹在生长过程中的运动影响其对于云滴的收集效率和热传输率。由于雹暴过程中起电放电明显，这将影响冰雹的下落速度以及对于云滴的收集效率。冰雹表面的粗糙度、冰雹的扁率、冰雹的翻转运动或电场力对于冰雹的质量及云滴尺寸都会有一定的影响。

1.7.3　冰雹的运动轨迹

为了较好地描述生长冰雹的轨迹需要了解：①增长区域的流场；②雹胚初始的位置和下落速度；③增长冰雹下落速度和其后位置与时间。通常计算中可给出冰雹的下落速度和生长速率与液水含量、冰晶含量、温度、冰雹形状、冰雹大小、冰雹粗糙度等的关系。处理粒子轨迹的所有复杂计算还可能会掩盖一些简单而重要的物理影响。在一个简化的气流模型中(Morgan，1972)，生长的大液滴和冰雹的轨迹主要为时间的线性函数，且与其他物理条件关系不大。若忽略液水含量对于浮力与气流的影响，同时忽略空气密度随高度的变化，则有：雹云中水成物粒子精确地遵循水平空气运动，并以其最终下落速度相对于空气发生垂直方向的移动。

$$v_{zp} = v_{za} - v_t \tag{1.17}$$

$$v_{xp}=v_{xa} \tag{1.18}$$

其中，v_{zp}为雹云中水成物粒子相对于地面的垂直速度，v_{za}为垂直气流速度，v_{xp}与v_{xa}是水成物粒子与气流的水平速度，v_t为水成物粒子的下落末速度。水成物粒子的轨迹可由下式给出：

$$\mathrm{d}x=v_{xp}\mathrm{d}t=v_{xa}\mathrm{d}t \tag{1.19}$$

$$\mathrm{d}z=v_{zp}\mathrm{d}t=(v_{za}-v_t)\mathrm{d}t \tag{1.20}$$

作为初步研究冰雹增长轨迹的方法，做的主要假设包括：

1)粒子增长时的下落末速度定常，具体如下：

$$v_t=v_{t0}+K_3t \tag{1.21}$$

2)上升气流的流线在$x-z$截面上是圆形的。

若忽略空气密度的变化，下落末速度则是粒子直径的函数，具体如下：

$$v_t=C_1D^{1/2} \tag{1.22}$$

其中，C_1为常数，则有：

$$\frac{\mathrm{d}v_t}{\mathrm{d}t}=\frac{C_1}{2}D^{-1/2}\frac{\mathrm{d}D}{\mathrm{d}t} \tag{1.23}$$

直径为D的液滴质量M的增长率与云中液水含量为$m(\mathrm{g\cdot m^{-3}})$且对液滴收集效率为$E$之间的关系如下：

$$\frac{\mathrm{d}M}{\mathrm{d}t}=\frac{\pi\rho D^2}{2}\frac{\mathrm{d}D}{\mathrm{d}t}=\frac{\pi}{4}mED^2v_t \tag{1.24}$$

其中，ρ为液水密度，将v_t代入，则有：

$$\frac{\mathrm{d}D}{\mathrm{d}t}=\frac{mEC_1D^{1/2}}{2\rho} \tag{1.25}$$

进一步则有：

$$\frac{\mathrm{d}v_t}{\mathrm{d}t}=K_3=\frac{mEC_1^2}{4\rho}=C_2m \tag{1.26}$$

其中，C_2为常数；常数K_3表明云中含水量值是定常的。

利用气流模型与相应的简化假设可对雹暴中包括冰雹的水成物粒子的运动轨迹进行相应的模拟，需要指出的是，这些均为一般类型的气流中生长的各类粒子的可能运动模式。

在简化的雹暴上升气流模型中，对降水粒子生长轨迹的分析有利于理解其中液水累积与大冰雹的生长机制，从而为防雹奠定相应的基础。上升气流模型以出流叠加在入流之上为特征，且气流速度垂直分量沿着入流流线增加，沿着出流流线减小。在这个模型中空气密度被假定为定常的。在这种流场的状态下，水成物粒子的运动是沿着同心圆族进行的，同心圆族的中心是零水平空气速度点和垂直空气速度各向同性点之间的交点，对应于水成物粒子的下落末速度。不同尺度的水成物粒子沿着不同的圆形轨迹族移动。增长水成物粒子的下落速度随时间线性增加。

通过研究形成的结论如下：

在大液滴(直径 3～5 mm)的平衡点区域，液滴轨迹具有无限再循环的特征，表明该区域可能会成为累积区。在上升气流的高速区域，液滴轨迹导致液滴从雹暴中喷出，几乎没有或根本没有形成过冷液水的累积。这个模型中雹胚主要以冻滴的形式存在，在过冷液水累积区开始生长，并沿着环形轨迹移动，将其带过上升气流到达最高速度区域，使其降落速度(大小)约等于最大上升气流速度。将催化剂引入高速上升气流核心区可能对于防雹是无效的，催化剂应直接引入液水累积区，或播撒至云层下方气流区，从而由气流携带催化剂穿过液水累积区。

然而，以下各点需要尤为注意。

1)雹云中液水的存储或累积主要发生于雷暴系统的侧面，该区域大致由与大水滴的下落速度相对应的垂直空气速度的各向同性与无水平运动的表面的交点确定，也就是通常所指的雹暴“前向悬垂体”。

2)虽然液水存储或累积区域并非与冰雹的增长区域完全对应，但是可以认为是大冻滴雹胚的主要源地。在这个雹云区域开始增长的雹胚，更容易长时间停留于雹云中，从而比其他区域的雹胚长得更大。这也表明，若将人工冰核引入液水累积区，则会因为产生过多的雹胚离开其起始区域，从而起到防雹的作用。当新产生的冻滴离开累积区，且增长超过阈值尺度，其会降低上升气流的速度，其后将移入至更高速度的气流区域中。如果上升气流在促使液滴冻结和释放热量后保持仍然较为强劲，则需要考虑，即使在雹暴消散期，长大后的雹胚将会增加降雹的风险。

3)由于上升气流的快速输送及流线可能会绕过大量的液水，因此在最大的上升气流中进行防雹作业并不一定能取得好的效果。

4)尽管冰雹粒子可能穿越上升气流区域，液水区内部界限也将是弱回波穹窿的边界。

5)若进入雹暴的气流流畅且分层，穿过累积区的入流则可能源于距离地面较高的高度。空气中的冰相粒子或冰核含量及累积区的温度范围，将决定雹胚的自然产生率。

6)由于所有这些因素都有赖于雹暴具体类型，因此这将增加降雹预报的难度。尽管许多雹暴都有很强的上升气流，但其却可能很少会产生大冰雹。

1.8　冰雹的尺度分布

由观测研究可知，雹暴过程中产生的大冰雹造成的损失最大。通常而言，若冰雹的落区在城市，造成的损失会远超过农村(Heymsfield et al.，2014)。根据欧洲极端天气数据库(ESWD,european severe weather database,Dotzek et al.,2009)的资料,欧洲直接观测到的最大的冰雹是2013年8月6日德国观测到的直径为14.1 cm的冰雹,而估算的最大冰雹是1403年降至德国巴伐利亚直径约为20 cm的冰雹。根据美国对冰雹的实际观测数据可知,平均每年观测到的最大冰雹直径为14.13 cm,观测到最大的冰雹为南达科塔直径20.3 cm的冰雹(Monfredo,2011)。

由于冰雹的尺度与其造成的损失密切相关,特别是当冰雹的尺度超过损害临界值时,这种损害就更加明显,因此,分析冰雹的粒子尺度分布尤为重要。常规天气雷达主要是利用反射率超过某一个阈值来判断是否有冰雹生成,然而这种判据存在很大的不确定性。例如,60 dBZ的反射率可能是强降水造成的,而45 dBZ就已经被定义为产生冰雹的阈值了(Aydin et al.,1986)。双线偏振雷达可以识别雹云中的水成物粒子,且可在一定程度上判断冰雹的尺度,因此,其在冰雹观测中比常规天气雷达更具优势(Ryzhkov et al.,2013)。依据雷达观测的冰雹最大预期尺度(MESH,maximum expected size of hail,Witt et al.,1998)与冰雹的实际尺度仍然存在一定的差异。

表征冰雹强度的另一个量是由雷达反射率得到的冰雹动能通量,此外,还有地面单位面积的冰雹总量,超过阈值的冰雹质量及冰雹总数。要获取这些表征量首先要得到冰雹的粒子尺度分布。

在一个空气块中冰雹粒子的尺度分布可由$n(D)$来表示,其为单位体积中冰雹直径介于D与$D+\mathrm{d}D$之间的冰雹数,单位为$\mathrm{mm^{-1}\cdot m^{-3}}$。

理论上,冰雹粒子的尺度分布被定义为指数分布,具体如下:

$$n_{\mathrm{E}}(D)=N_0\exp(-\lambda D) \tag{1.27}$$

其中,N_0与λ指数函数参数。

在已知$n(D)$的条件下,便可以计算相关的变量。

以下是与冰雹尺度分布相关的冰雹相关一些变量,具体如下(Griese et al.,2019):

数密度($\mathrm{m^{-3}}$):

$$N=\int_{D_{\mathrm{S}}}^{D_{\mathrm{L}}} n(D)\,\mathrm{d}D = N_0\lambda^{-1}(e^{-\lambda D_{\mathrm{S}}}-e^{-\lambda D_{\mathrm{L}}}) \tag{1.28}$$

积分后的结果为:

D_{S}与D_{L}分别为最小及最大冰雹直径,冰雹的最大直径与其等效直径的关系如下:

$$D_{\mathrm{eq}}=10\left(\frac{6a}{\pi\rho_{\mathrm{h}}\,10^{b}}D_{\mathrm{L}}^{b}\right)^{1/3} \tag{1.29}$$

其中,ρ_{h}为冰雹的体积密度,$a=0.372$,$b=2.69$(Heymsfield et al.,2018)。

冰雹的地面击打率($((sm^2)^{-1}$):

$$Hr = \int_{D_S}^{D_L} v_T(D)n(D)\mathrm{d}D = v_0 N_0 \lambda^{-1.5}[\gamma(1.5,\lambda D_L) - \gamma(1.5,\lambda D_S)] \quad (1.30)$$

其中，γ 为不完全伽马函数，v_0 为地面处的冰雹粒子速度。

冰雹空中的平均尺度(mm)：

$$\overline{D} = \frac{1}{N}\int_{D_S}^{D_L} Dn(D)\mathrm{d}D = \frac{N_0}{N}\lambda^{-2}[\gamma(2,\lambda D_L) - \gamma(2,\lambda D_S)] \quad (1.31)$$

冰雹地面的平均尺度(mm)：

$$\overline{D}_g = \frac{1}{Hr}\int_{D_S}^{D_L} Dv_T(D)n(D)\mathrm{d}D = \frac{N_0 v_0}{Hr}\lambda^{-2.5}[\gamma(2.5,\lambda D_L) - \gamma(2.5,\lambda D_S)] \quad (1.32)$$

冰雹的体积($\mathrm{l \cdot m^{-3}}$)：

$$V = \frac{\pi}{6}\int_{D_S}^{D_L} D^3 n(D)\mathrm{d}D = \frac{\pi}{6} N_0\lambda^{-4}[\gamma(4,\lambda D_L) - \gamma(4,\lambda D_S)] \quad (1.33)$$

冰雹的质量密度($\mathrm{kg \cdot m^{-3}}$)：

$$H = \frac{\rho_h \pi}{6}\int_{D_S}^{D_L} D^3 n(D)\mathrm{d}D = \frac{\rho_h \pi}{6} N_0\lambda^{-4}[\gamma(4,\lambda D_L) - \gamma(4,\lambda D_S)] \quad (1.34)$$

冰雹的动能通量($\mathrm{W \cdot m^{-2}}$)：

$$E = \frac{\rho_h \pi}{12}\int_{D_S}^{D_L} v_T^3(D)D^3 n(D)\mathrm{d}D = \frac{\rho_h \pi}{12} v_0^3 N_0\lambda^{-5.5}[\gamma(5.5,\lambda D_L) - \gamma(5.5,\lambda D_S)] \quad (1.35)$$

冰雹的雷达反射率(dBZ)：

$$Z = 10\log_{10}\int_{D_S}^{D_L} D^6 n(D)\mathrm{d}D = N_0\lambda^{-7}[\gamma(7,\lambda D_L) - \gamma(7,\lambda D_S)] \quad (1.36)$$

对于 N_0 与 λ 指数函数参数，可以冰雹的地面击打率公式，及相应的 D_S、D_L 与 D_A(冰雹的平均直径)得到，具体为：

$$\lambda = \frac{1}{D_A}\frac{\gamma(2.5,\lambda D_L) - \gamma(2.5,\lambda D_S)}{\gamma(1.5,\lambda D_L) - \gamma(1.5,\lambda D_S)} \quad (1.37)$$

$$N_0 = \frac{Hr}{v_0}\frac{\lambda^{1.5}}{\gamma(1.5,\lambda D_L) - \gamma(1.5,\lambda D_S)} \quad (1.38)$$

雷达在观测冰雹时的雷达反射率是依据冰雹粒子所造成的瑞利散射进行计算。计算过程冰雹被假设为干燥的球形，且尺度远小于雷达波长，然而，这些条件对于实际冰雹而言是无法满足的。更完善的冰雹反射率需通过电磁散射 T—矩阵公式进行计算。

1.9　冰雹与雹暴基本关系

学术界对于冰雹在雹暴中形成与增长的机制已经有了基本的认识，譬如：对于超级单体雹暴中冰雹形成概念模型的认识就比较深入(Heymsfield et al.,1982)。超级单体雹暴中,冰雹的形成较为系统,其主要是胚胎帘中生长的雹胚,随后被引入主上升气流后完成的。在胚胎帘内霰粒子持续低密度生长,并增长至冰雹尺度。而进入主上升气流后,这些低密度冰雹将穿过弱回波穹窿与绝热液水相遇,从而发生了湿增长,并使冰雹中的空洞充满液水。而这样的湿增长是否会持续发生则取决于绝热液水与弱回波穹窿顶部的温度。增长冰雹表面的温度会降低至 0 ℃以下,并形成一个干增长的高密度外层,并使其中的部分液水冻结。在大多数情况下,冰雹内部的液水是在冰雹降落至雹云穹窿后部边缘时冻结的,偶尔冰雹在这个过程中也会经历湿增长,从而被抛出上升气流,并再次进入胚胎帘,这将使得这些粒子经历多次的低密度凇附与湿增长过程。

典型的过程如下:首先,雹胚在雹暴的上升气流中形成,这些雹胚可以在雹暴的侧向流场及“饲养单体”形成(Heymsfield et al.,1982),或完全生长于主上升气流内。特别对于主上升气流而言,雹胚主要形成于主上升气流较弱的边缘。上升气流最强部分的粒子上浮太快,无法形成明显的生长,通常会被抛入到云砧中,从而阻止了它们参与随后的冰雹生长过程。其次,雹胚会被雹暴的相对环境气流或入流引入上升气流中。对于西风带中深层切变中的典型北半球超级单体而言,雹胚源区主要位于雹暴中层上升气流的右侧(或南侧)。Browning 和 Foote(1976)曾给出了“胚胎帘”理论,这个雹胚引入区域随着高度的升高而旋转至雹暴的后部。雹胚自“胚胎帘”下落,被南风或较低高度的气流卷进上升气流。此外,雹胚可能是上升气流中的冻滴,或附近“饲养单体”和积云中的霰粒子。再次,雹胚进入上升气流后,当其上下运动轨迹周围液水较为丰富时,便会快速增长。该过程通常也被称之为“循环增长”,然而该过程与典型雹暴中的气流特征及冰雹生长轨迹均有一定的差异(Dennis et al.,2017)。Knight 等(1975)则认为,尽管大冰雹存在复杂的环状结构,但是同位素分析表明,“循环增长”并非大冰雹形成的必要条件。

最大限度地延长冰雹在上升气流停留时间的关键是冰雹下落速度和上升气流速度之间需形成平衡(Musil et al.,1986)。如果上升气流速度大于冰雹的下落速度,冰雹粒子便会被上升气流托举,从而被移出上升气流区,而冰雹的生长也会因此而停滞。如果冰雹粒子的下落速度大于上升气流速度,冰雹粒子也会下落脱离冰雹增长区。只有当上升气流速度与冰雹下落速度相当时,冰雹粒子才能保持一定的高度,悬浮于冰雹的增长区,只会在上升气流内速度场的水平分量的作用下产生少许的横向运动。已有的研究表明,大冰雹的大部分质量都是在这样的轨迹中获得(Nelson,1983)。由于冰雹通过收集过冷液水而得以持续增长,因此冰雹只有平流进入强上升气流区才能保持这样的相对平衡。这意味着冰雹的水平轨迹是从上升气流外围进入其核心区域,超级单体雹暴的中气旋便是提供冰雹进入其核心区域的通道(Tessendorf et al.,2005)。正是由于该原因,全球范围内超级单体中通常可以观测到超大冰雹(Witt et al. ,2018)。

已有的研究还表明,严重冰雹发生的时空分布存在区域性和季节性差异。如:Changnon(1999)发现,1901—1997 年严重冰雹的发生频率在美国中部平原及东南部明显增加,而在美国中西部与西部则显著减少。这些结果揭示了基于区域评估冰雹特征的重要性。冰雹的空间和时间变化受到相关大尺度环流的影响,因为大尺度环流会产生有利于严重雹暴的环境条件。在美国拉尼娜比厄尔尼诺期间发生的灾害性冰雹频率更高。此外,墨西哥海湾较高的海表温度与低空湿平流对于美国南部冰雹的发生都有一定的正贡献(Molina et al. ,2016)。温暖的海水表面与较高的冰雹频率相对应,主要原因是:①温暖的海水表面可导致墨西哥湾的湿度增加,同时也会使得 0～6 km 的风切变增加;②气压梯度将增强低空急流,而较强的高空急流也可将墨西哥湾暖湿气流输送至更大的范围。

1.10 冰雹的主要遥感观测方法

1.10.1 冰雹的卫星观测

世界上主要发生冰雹灾害的区域,对于冰雹的观测都十分重视。其中较为系统地开展了观测的区域包括:亚洲、北美洲、欧洲、澳洲和南美洲。然而,到目前为止,关于冰雹系统观测的研究结果仍然相对有限。

在全球范围内观测冰雹的最好工具就是卫星,其可以基本相同的灵敏度对全球区域进行采样分析。基于卫星的冰雹探测方法,主要依赖于卫星上搭载的被动测量雹云电磁辐射,从而确定可见光亮温的设备,或依赖于主动测量的雷达,或着是前二者的组合。

Bedka 等(2010)利用静止卫星资料,将进入平流层低层的“过冲云顶”与强对流的上升气流相联系,在该方法中特别需判定对流云砧。典型的方法中“过冲云顶”的温度范围定义在 190～215 K。结果表明(Bedka et al. ,2018),欧洲冰雹主要出现在阿尔卑斯山脉及其周边较小的山脉区域,其中最高值出现在意大利和西班牙北部。在澳大利亚,冰雹最易出现在澳大利亚东南部山区和太平洋之间的绿洲,其中最大值主要位于新南威尔士的东北部及布里斯班的南部,此外,在澳大利亚中西部还存在一个次极值区。

Cecil(2009)则利用极轨卫星的被动微波图像,依据雹云中冰相水成物粒子的较低的亮温作为冰雹的指示因子。该指示因子与“过冲云顶”的温度相较而言,其与冰雹的联系可能更直接。然而,极轨卫星对于雹暴系统的观测频率较低,因而具有更高的不确定性。利用此类资料，Cecil 和 Blankenship(2012)发现北美洲中部、巴西南部、孟加拉及非洲的中部均为冰雹的大值区。Mroz 等(2017)利用 GPM (global precipitation measurement)卫星的 Ka 雷达与 Ku 雷达与微波图像资料，发现巴基斯坦北部、南美洲西北部、印度东部以及东南亚的部分区域均为冰雹发生的大值区。

尽管在现有的观测条件下获取的观测资料有限，但是研究结果表明，在一些区域，强雹暴导致的冰雹灾害损失呈上升趋势(Sander et al.，2013；Kunz et al.，2009)。在欧洲，冰雹在不同区域所造成的灾害损失存在一定的差异，然而，在欧洲各区域的较小直径的冰雹频率明显在降低，这种变化可能与该区域冻结层高度的增加有着一定的联系。该结果与其他一些区域的观测结果也较为一致，这表明小尺度冰雹发生的频率正在呈下降趋势，这些变化可能受到气溶胶分布变化的影响。小尺度冰雹频率的下降与气候变暖背景下对未来天气预测中的预期变化是一致的(Brimelow et al.，2017)。与此形成鲜明对比的是，更大尺度冰雹的气候变化趋势并不明显，这可能与对流层下部变暖的热影响对融化大冰雹的贡献很小有一定的关系(Brimelow et al.，2017)。

针对冰雹的长时间变化趋势分析表明，在过去的趋势信号中，高的年变化率和多年变化率占主导地位，导致几个网格点的趋势不显著(Mohr et al.，2015)。与此形成对比的是，有利于中国上空冰雹产生环境的频率在下降，这可能与冻结高度的增加和对流抑制能的增加有关(Li et al.，2016)。而在美国大冰雹的发生频率似乎相对平稳，这与有利的雹暴环境变化特征是一致的(Robinson et al.，2013)。

数值模拟提供了一种替代使用观测记录来检测冰雹变化趋势的方法。尽管气候模式分辨率相对较低，其对雹暴模拟明显存在一定的局限性，但当考虑到与冰雹生长相关的微物理过程发生的小尺度时，其相应的局限性则会被进一步放大。

事实上，目前与数值模拟冰雹频率和大小有关的一些基本问题仍有待研究。其中包括：有利于大冰雹的超级单体雹暴生成条件是否会轻易出现。由于雹云中水成物粒子和不稳定性的增加，往往会形成更强的冷池，从而导致更多的聚集性雹暴沿着不利于大冰雹生长的阵风锋再生。

1.10.2　冰雹的雷达观测

除了卫星之外，更重要的冰雹遥感探测工具便是天气雷达。天气雷达主动发射电磁波工作，当电磁波在大气传播过程中遇到云和降水粒子时便产生后向散射，分析雷达接收到的这部分后向散射，便可了解包括冰雹的水成物粒子的位置、径向运动特征、尺度、形状、取向以及物理特性等。就目前而言，双偏振多普勒雷达已经成为世界各地气象服务业务雷达网络中的最主要的遥感观测设备。对于天气雷达最常见的观测量是水平偏振下的等效反射率因子，通常简称为反射率（或反射率因子，$mm^6 \cdot m^{-6}$），即：Z_H 或 Z_V（分别对应水平极化和垂直极化），其可以反映云和降水粒子尺度与浓度等基本信息，表达式分别如下：

$$Z_H = \int_0^\infty N(D) \cdot D_H^6 \cdot dD \tag{1.39}$$

$$Z_V = \int_0^\infty N(D) \cdot D_V^6 \cdot dD \tag{1.40}$$

其中，D_H、D_V 分别为所探测的水成物粒子在水平及垂直方向上的尺度，$N(D)$表示所探测的水成物粒子的滴谱分布。

水平与垂直极化的差分反射率，通常简称为差分反射率，即：Z_{DR}，其可以反映雷达脉冲体积中的水成物粒子的形状，表达式如下：

$$Z_{DR} = 10\log_{10}\left(\frac{Z_H}{Z_V}\right) \tag{1.41}$$

Φ_{DP}是水平偏振波与垂直偏振波经过同一探测区域后，散射偏振波回传至雷达时的相位差（即：差分传播相移），其表达式为：

$$\Phi_{DP} = \Phi_{HH} - \Phi_{VV} = \varphi_{DP} + \delta \tag{1.42}$$

Φ_{DP}是距离累加量，探测距离越远，其值也越大。式中 Φ_{HH} 和 Φ_{VV} 为不同方向上的偏振波散射回雷达时的相位值，φ_{DP} 表示的是前向传播相位差，δ 表示由散射造成的后向散射相移（在 S 波段双偏振雷达中可以忽略不计）。Φ_{DP} 的值往往与降水区大小有关，同时因其值仅受降水区距离的影响，不受地物杂波与衰减作用的影响，因此可通过 Φ_{DP} 计算出更为准确的特征差分传播相移 K_{DP}。

K_{DP} 可以通过 Φ_{DP} 计算得到，是水成物粒子的水平偏振波与垂直偏振波的前向散射相位差所造成的，受降水区衰减作用较小，具有较高的精确度，单位：$° \cdot km^{-1}$，具体表达式为：

$$K_{DP} = \frac{\Phi_{DP}(r_2) - \Phi_{DP}(r_1)}{2(r_2 - r_1)} \tag{1.43}$$

其中，r_1 与 r_2 表示雷达相邻距离库与雷达天线之间的距离。K_{DP} 值与探测区域的液态水含量有关，探测区域液态水含量越高、降水强度越大，对应区域的 K_{DP} 值也越大，固态降水物（如冰雹）的 K_{DP} 值较小，在实际运用中可以通过 K_{DP} 大值区确定对流云中液态水含量大的区域。

假设雷达脉冲周期为 T，相关系数 $\rho_{HV}(T)$ 表示的是在相邻两个 T 之间，雷达天线接收到的不同方向偏振回波之间的相关系数。因为相关系数 $\rho_{HV}(T)$ 是一个复数，在日常使用中通常使用 $|\rho_{HV}(T)|$ 代替 $\rho_{HV}(T)$。当 T 等于 0，即雷达同时发射、接收不同方向的偏振回波时，则有：

$$|\rho_{HV}(0)| = \frac{|\rho_{HV}(T)|}{[\rho(2T)]^{1/4}} \tag{1.44}$$

其中，$\rho_{HV}(0)$被称为零滞后性相关系数，它表示的是雷达同时接收到的不同方向偏振波的相关情况，通常简写为ρ_{HV}，其与水成物粒子的形状与运动状态密切相关。不同降水物粒子的ρ_{HV}范围也不尽相同，通常来说，气象回波的ρ_{HV}值通常都大于0.8，探测区域内粒子形状与空间取向越统一，ρ_{HV}值越大。若探测区域为纯降水区（全为液态降水），该区域的ρ_{HV}值将接近1。探测区域若为冰水混合区域，该区域的ρ_{HV}值将减小。因此，在业务上可以根据ρ_{HV}值的大小判断探测区域水成物粒子相态的一致性。

特征差分传播相移K_{DP}，其可以反映雷达脉冲体积中非球形粒子的质量浓度。零滞后相关系数ρ_{HV}可反映采样体积中的Z_{DR}的多样性特征，如：双偏振雷达观测到的"Z_{DR}柱"可被用于指示过冷液水及冻滴雹胚在雹暴中的分布特征。双偏振雷达可以提供线性退偏振比（L_{DR}），则可以反映潮湿、非球形或不规则的摆动粒子的分布特征。

$$L_{DR}=10\log_{10}\left(\frac{Z_{HV}}{Z_H}\right) \tag{1.45}$$

其中，Z_{HV}为交叉极化反射率因子。

在双偏振雷达观测中，为了了解液相及冰相水成物粒子对于Z_H的贡献率，引入反射率差，即（Golestani et al.，1989）：

$$Z_{DP}=10\log_{10}(Z_H-Z_V),Z_H>Z_V \tag{1.46}$$

此外，由于是多普勒雷达，运动学参量主要为径向速度或多普勒速度，以及脉冲体积内径向速度变化的度量（多普勒频谱宽度）。

另一种基于雷达的冰雹探测方法是同时发射两个或多个频率的电磁波（Kaltenboeck et al.，2013），这种双频或多频探测冰雹的前提是，冰雹对不同波长的电磁波将产生不同的散射，特别是当冰雹的最大尺寸与其中一个雷达波长相当时产生的散射差异则尤为明显。该方法的主要局限性在于多部雷达发射的波束在空间与时间上的匹配，以及探测中产生的衰减较难进行修正。事实上，多数的业务雷达探测网并不采用多波长雷达观测方式，因此其推广应用较为有限。有了双偏振或多频雷达探测的基本可用信息后，冰雹的大小可通过直接分析冰雹的后向散射信息，或间接分析冰雹相关特征和总体雹暴强度来确定。直接分析冰雹产生的后向散射，需要了解粒子的反向散射特性。

一般而言，Z_H与水成物粒子的等效球形直径的6次方成正比。该关系只有当水成物粒子的尺度相对于雷达波长较小时才成立。然而，对于大冰雹而言，多数的雷达波长（S波段、C波段和X波段）可能均小于冰雹的尺度。若冰雹的尺度为1 cm、3 cm雷达波长产生米散射，10 cm雷达波长则产生瑞利散射，因此二者反射率比率则可用于指示冰雹，引入H_{DW}，若波长分别为S波段与X波段，则有（Rinehart et al.，1982）：

$$H_{DW}=10\log_{10}\left(\frac{Z_{10}}{Z_3}\right) \tag{1.47}$$

其中，Z_{10} 与 Z_3 分别为 S 波段与 X 波段雷达的反射率，H_{DW} 小于 6 dB 指示冰雹则具有一定的不确定性。

由于所谓的共振散射效应，大冰雹的后向散射特性是雷达波长和冰雹尺度的复杂函数（Aydin et al.，1984），因此，冰雹尺度与 Z_H 之间并不存在直接的联系。一般降水产生的 Z_H 不会超过 55～60 dBZ，一旦超过 60 dBZ 很可能有冰雹产生。尽管如此，冰雹的尺度并不能由 Z_H 确定。利用双偏振雷达的高 Z_H 和低 Z_{DR}，或者冰雹差分反射率 H_{DR} 可获取大的（>2 cm）诸如翻滚冰雹的各向同性散射水成物粒子的信息，H_{DR} 正值可指示冰雹，具体表达式如下（Aydin et al.，1986）：

$$H_{DR}=Z_H-f(Z_{DR}) \tag{1.48}$$

其中，

$$f(Z_{DR})=\begin{cases}27\ \text{dBZ}, Z_{DR}<0\ \text{dB}\\ 19Z_{DR}+27\ \text{dBZ}, 0\ \text{dB}\leqslant Z_{DR}\leqslant 1.74\ \text{dB}\\ 60\ \text{dBZ}, Z_{DR}>1.74\ \text{dB}\end{cases} \tag{1.49}$$

Heinselman 和 Ryzhkov(2006)认为，Z_H 和 Z_{DR} 判断大冰雹的方法可靠。目前研究中主要的局限性在于，雷达电磁波散射特性都是针对球形粒子进行分析，这与真实冰雹的散射特性有较大的区别，而直接通过雷达电磁波散射特性确定冰雹的尺度也是不现实的。

雷达探测过程中雹云产生的“三体散射”等也被用于分析冰雹尺度，但“三体散射”与冰雹尺度之间并不存在明确的联系。而较高的垂直积分液态含水量 VIL 与 VIL 密度（VIL 除以回波顶高）则与大尺度冰雹的联系更密切（Wapler et al.，2016）。雹暴顶部辐散程度（Witt et al.，1991）与最大旋转速度（Witt et al.，2018）等指标也显示出与冰雹尺度存在一定的相关性。此外，有界弱回波区（BWER，bounded weak echo region）Z_H 或 Z_{DR} 柱中同样在某种程度可指示大冰雹（Kumjian et al.，2014）。然而，这些都是在地球上一些特定区域得到的经验关系，并不具备基本的普适性。美国则通过计算强冰雹指数（SHI，severe hail index）与最大期望冰雹尺度（MESH，maximum expected size of hail）预报大冰雹，但 Witt 等（1998）认为，地面观测到的75%的冰雹尺度小于 MESH 计算值。

除了可建立 v_t 与 D_{eq} 之间的拟合关系，由于在实际工作中更多的是利用雷达对冰雹进行观测的，因而需建立 v_t 与反射率 Z 之间的关系，Matson 和 Huggins(1980)得到 v_t 平均值 $\overline{v_t}$ 与 Z 的拟合关系为：

$$\overline{v_t}=3.95Z^{0.148} \tag{1.50}$$

1.11　大冰雹与冰雹在地面的累积

1.11.1　大冰雹的生长

冰雹在雹暴的垂直气流中，通过雹胚收集过冷液滴或冰晶增长。雹胚可能是雪晶而来的霰粒子，也可能是冻滴。雹胚的数量、特性、起源的高度等，某种程度上是由云中的冰核的类型和数量所决定的。所有的冰雹增长理论均需说明冰雹在雹暴中是如何停留足够长的时间，冰雹是如何生长到足够大的尺寸（约 1 cm），在降落到地表时是如何未融化而幸存下来。通常的冰雹形成概念模型并不能很好地解释大冰雹的形成过程，这需要涉及冰雹粒子的快速增长与长时间停留于雹云中关键因素。苏联的冰雹生长模型（Sulakvelidze et al.，1967）旨在解释冰雹是如何在“累积区”中利用大量的过冷液水而长大的。Browning 和 Ludlam（1962）的模型则强调，冰雹是如何被抛出而后又被带入较低的雹暴上升气流中发生循环的。

Ludlam（1958）认为，产生一定尺度的冰雹需要有持续增加的上升气流，从而使得冰雹停留在雹云的过冷区域内。雹暴中大量液水的累积和冰雹长时间在雹云中停留均与生长冰雹及大液滴的轨迹密切相关。

1.11.2　冰雹在地面上的累积

在强雹暴过程中，有时降落至地面上的冰雹累积厚度可以超过 50 cm，这将导致机动车交通事故、高速公路关闭以及洪涝等自然灾害。尽管此类灾害时有发生，但是对其有效的监测与预警预报仍然较为缺乏。该项工作的开展需要重点开展以下工作：①建立冰雹地面累积厚度、冰雹中值尺度和冰雹地面累积范围的数据库；②针对于地面产生明显冰雹累积的雹暴典型过程开展系统的研究；③发展利用已有的观测设备（主要包括：天气雷达与雷电定位系统）对具有冰雹累积现象雹暴的识别技术；④发展冰雹地面累积临近预警预报系统。

多数的研究主要是集中于冰雹的形成、增长、消减和冰雹产生与增长的环境条件（Kalina et al.，2014）。根据已有的研究，Dennis 和 Kumjian（2017）认为，可以通过雹暴中最优冰雹增长路径得到最大冰雹产生量，特别是在雹云－25 ℃至－10 ℃的区域内，在适当上升气流的强度与宽度和充足的过冷水条件下，有利于冰雹的生长。此外，平流至冰雹生长区域适当尺度与浓度的雹胚，也是冰雹生长必不可缺少的条件。雹暴的环境条件（主要包括：垂直风切变、浮力、垂直湿度廓线、气溶胶浓度）是其结构变化、动力与微物理过程、冰雹形成与增长的重要因素（Dennis et al.，2017）。

Kalina 等(2016)针对 4 个冰雹累积厚度超过 15 cm 的雹暴天气过程，分析了天气条件、雷达与雷电特征，发现这些雹暴过程与其他雹暴过程的主要差异是系统的移动速度较慢(基本介于 6～9 $m \cdot s^{-1}$)，且降雹量较大。然而，随后针对 32 个雹暴的分析发现，系统移动速度大于 16 $m \cdot s^{-1}$ 同样可以产生累积厚度超过 10 cm 厚度的冰雹累积量。

由于冰雹累积厚度并非常规观测记录资料，因此，资料主要源于普通民众及目击者提供的文字、照片和视频等相关资料。通常这些资料需要包括：①冰雹累积事件的准确时间与地点；②冰雹累积报告的位置应当在雷达相应观测范围内；③雷达对于冰雹累积事件的降水过程有充分的观测。

1.11.3　识别产生地面冰雹累积的雹暴

尽管冰雹的地面累积厚度是关于此类雹暴的关键信息，但是雷达反射率、基于雷达水成物粒子识别估算的冰雹累积厚度、最大冰雹尺度和最大冰雹下落速度等同样重要。

Friedrich 等(2019)分析了多单体雹暴(2016 年 6 月 28—29 日发生于美国科罗拉多)与超级单体(2016 年 7 月 27 日发生于美国怀俄明)雹暴系统移动速度分别为 12 $m \cdot s^{-1}$ 与 8 $m \cdot s^{-1}$ 产生了地面冰雹累积的过程。超级单体雹暴在地面多数产生的冰雹累积厚度介于 3～10 cm，最大的区域超过 10 cm。

将云冰与雹暴系统移动速度测量相结合，有利于雹暴在地面产生冰雹厚度的估算。在实际研究中时间平均的最大垂直积分冰含量结合雷达水成物粒子识别结果，进行冰雹累积厚度的估算。依据最大垂直积分冰含量值将其聚类为 3 组，即：①雹暴的垂直积分冰含量小于 50 $kg \cdot m^{-2}$、冰雹地面累积厚度小于 3 cm 和累积率小于 0.4 $cm \cdot min^{-1}$；②雹暴的垂直积分冰含量介于 50～150 $kg \cdot m^{-2}$，冰雹地面累积厚度中等量级和累积率介于 0.4～0.9 $cm \cdot min^{-1}$；③雹暴的垂直积分冰含量大于 150 $kg \cdot m^{-2}$，冰雹地面累积厚度大于 10 cm 和累积率介于 0.9～2.5 $cm \cdot min^{-1}$。分析发现雹暴的冰雹累积厚度与雹暴的移动速度、垂直积分冰含量和冰雹的尺度相关。当雹暴的垂直积分冰含量介于 50～150 $kg \cdot m^{-2}$，且移动速度相对较慢，则需要冰雹尺度才能产生显著的冰雹地面累积厚度。当雹暴的垂直积分冰含量超过 150 $kg \cdot m^{-2}$，则很容易在地面上产生较大的冰雹累积厚度。

参考文献

ACHENBACH E，1974. The effects of surface roughness and tunnel blockage on the flow past spheres[J]. Journal of Fluid Mechanics, 65(1): 113-125.

AMERICAN METEOROLOGICAL SOCIETY, 2017. Hail. Glossary of meteorology. Available online at: http://glossary. ametsoc. org/wiki/hail.

AYDIN K, SELIGA T A, BRINGI V N, 1984. Differential radar scattering properties of model hail and mixed-phase hydrometeors[J]. Radio Science, 19(1): 58-66.

AYDIN K, SELIGA T A, BRINGI V N, 1986. Remote sensing of hail with a dual linear polarization radar[J]. Climate Appl Meteor, 25: 1475-1484.

BEDKA BRUNNER K J, DWORAK R, et al, 2010. Objective satellite-based detection of overshooting tops using infrared window channel brightness temperature gradients[J]. Journal of Applied Meteorology and Climatology, 49(2): 181-202.

BEDKA K, ALLEN J, et al, 2018. A long-term overshooting convective cloud top detection database over Australia derived from MTSAT Japanese advanced meteorological imager observ[J]. Journal of Applied Meteorology and Climatology, 57(4): 937-951.

BEYER W H, 2002. CRC Standard Mathematical Tables[C]. 31st ed. CRC Press: 912.

BILHELM E G, RELF E F, 1937. The dynamics of large hailstones[J]. Quarterly Journal of the Royal Meteorological Society, 88: 117-135.

BLAIR S F, LEIGHTON J W, 2012. Creating high-resolution hail datasets using social media and post-storm ground surveys[J]. Electronic Journal Oper. Meteor, 13(3): 32-45.

BRIMELOW J C, BURROWS W R, et al, 2017. The changing hail threat over North America in response to anthropogenic climate change[J]. Nature Climate Change, 7(7): 516-522.

BROWNING K A, BEIMERS J G, 1967. The oblateness of large hailstones[J]. Journal of Applied Meteorology, 6(6): 1075-1081.

BROWNING K A, HALLETT J, et al, 1968. The collection and analysis of freshly fallen hailstones [J]. Appl Meteor. , 7: 603-612.

BROWNING K A. , LUDLAM F H, 1962. Airflow in convective storms[J]. Quart. J. Roy. Meteor. Soc. , 88: 117-135.

BROWNING K, FOOTE G, 1976. Airflow and hail growth in supercell storms and some implications for hail suppression[J]. Quarterly Journal of the Royal Meteorological Society, 102(433): 499-533.

BROWN-GIAMMANCO, T, GIAMMANCO I, 2018. An overview of the Insurance Institute for Business and Home Safety's hail research program[J]. 29th Conf. on Severe Local Storms, Stowe, VT, Amer. Meteor. Soc. , 11. 1.

BRYAN G H, MORRISON H, 2012. Sensitivity of a simulated squall line to horizontal resolution and parameterization of microphysics[J]. Mon. Wea. Rev. , 140: 202-225.

CARTE A, KIDDER R, 1966. Transvaal hailstones[J]. Quarterly Journal of the Royal Meteorological. Society, 92(393): 382-391.

CECIL D J, 2009. Passive microwave brightness temperatures as proxies for hailstorms[J]. Journal of Applied Meteorology and Climatology, 48(6): 1281-1286.

CECIL D J, BLANKENSHIP C B, 2012. Toward a global climatology of severe hailstorms as estimated by satellite passive microwave imagers[J]. Journal Climate, 25(2): 687-703.

CHALON J P, FANKHAUSER J C, et al, 1976. Structure of an evolving hailstorm. Part I: General. characteristics and cellular structure[J]. Mon. Wea. Rev., 104: 564-575.

CHANGNON S A, 1999. Impacts of 1997-98 El Nino-generated weather in the United States[J]. Bull. Am. Meteorological Soc., 80(8): 1819-1827.

CHHABRA R P, AGARWAL L, et al, 1999. Drag on nonspherical particles: An evaluation of available methods [J]. Powder Technol., 101: 288-295.

COBER S G, LIST R, 1993. Measurements of the heat and mass transfer parameters. characterizing conical graupel growth[J]. Journal of the Atmospheric Sciences, 50(11): 1591-1609.

DENNIS E J, KUMJIAN M R, 2017. The impact of vertical wind shear on hail growth in simulated. supercells[J]. Journal of the Atmospheric Sciences, 74(3): 641-663.

DOTZEK N, GROENEMEIJER P, et al, 2009. Overview of ESSL′s severe convective storms research using the European Severe Weather Database ESWD[J]. Atmos. Res., 93: 575-586.

FAN J, ROSENFELD D, et al, 2015. Substantial contribution of anthropogenic air pollution to. catastrophic floods in southwest China[J]. Geophys. Res. Lett., 42: 6066-6075.

FAN J, WANG Y, et al, 2016. Review of aerosol-cloud interactions: Mechanisms, significance, and challenges[J]. Journal of the Atmospheric Sciences, 73(11): 4221-4252.

FAN J, YUAN T, et al, 2009. Dominant role by vertical wind shear in regulating aerosol effects on deep convective clouds[J]. Journal of Geophysical Research, 114(D22): 206.

FEDERER B, THALMANN B, et al, 1982. Stable isotropes in hailstones: Part II: Embryo and hailstone. growth in different storms[J]. Journal of the Atmospheric Sciences, 39(6): 1336-1355.

FEDERER B, WALDVOGEL A, SCHMID W, et al, 1986. Main Results of Grossversuch IV[J]. Journal of Applied Meteorology, 25(7): 917-957.

GIAMMANCO I M, BROWN T M, et al, 2015. Evaluating the hardness characteristics of hail through. compressive strength measurements[J]. Atmos. Oceanic Technol., 32: 2100-2113.

GIAMMANCO I M, MAIDEN B R, et al, 2017. Using 3d laser scanning technology to create digital models of hailstones[J]. Bulletin of the American Meteorological Society, 98(7): 1341-1347.

GOLESTANI Y, CHANDRASEKAR V, et al, 1989. Intercomparison of multiparameter radar. measurements[C]. Proc. 24th Conf. Radar Meteorology, Tallahassee, FL, Amer. Meteor. Soc.: 309-314.

GRIESE J, HILL M, 2019. How to express hail intensity-modeling the hailstone size distribution [J]. Appl. Meteor. Climatol. 58: 2329-2345.

HEINSELMAN P L, RYZHKOV A V, 2006. Validation of polarimetric hail detection[J]. Weather and Forecasting, 21(5): 839-850.

HEYMSFIELD A J, SZAKÁLL M, et al, 2018. A comprehensive observational study of graupel and hail terminal velocity, mass flux, and kinetic energy[J]. Atmos. Sci., 75: 3861-3885.

HEYMSFIELD A J, MUSIL D J, 1982. Case study of a hailstorm in Colorado. Part II: Particle growth. processes at mid-levels deduced from in-situ measurements[J]. Journal of the Atmospheric Sciences,39(12):2847-2866.

HEYMSFIELD A J,WRIGHT R,2014. Graupel and hail terminal velocities:Does a supercritical. Reynolds Number apply[J]. Journal of the Atmospheric Sciences,71(9):3392-3403.

HEYMSFIELD A,GIAMMANCO I M,et al,2014. Terminal velocities and kinetic energies of natural hailstones[J]. Geophys. Res. Lett. ,41:8666-8672.

JIANG Z,KUMJIAN M R,et al,2019. Comparisons of electromagnetic scattering properties of real hailstones and spheroids[J]. Appl. Meteor. Climatol. ,58:93-112.

KALTENBOECK R,RYZHKOV A V,2013. Comparison of polarimetric signatures of hail at S and C bands for different hail sizes[J]. Atmospheric Research,123:323-336.

KHAIN A,ROSENFELD D,et al,2011. The role of CCN in precipitation and hail in a mid-latitude storm. as seen in simulations using a spectral (bin) microphysics model in a 2D dynamic frame [J]. Atmospheric Research,99(1):129-146.

KNIGHT C A,EHHALT D H,et al,1975. Radial and tangential variation of deuterium in hailstones[J]. Journal of the Atmospheric Sciences,32(10):1990-2000.

KNIGHT C A,KNIGHT N C,1970. Lobe structures of hailstones[J]. Atmos. Sci. ,27:667-671.

KNIGHT N C,1981. The climatology of hailstone embryos[J]. Journal of Applied Meteorology,20 (7):750-755.

KNIGHT N C,1986. Hailstone shape factor and its relation to radar interpretation of hail[J]. Climate. Appl. Meteor. ,25:1956-1958.

KUMJIAN M R,2018. Weather radars[M]. Remote Sensing of Clouds and Precipitation,C. Andronache,Ed. ,Springer-Verlag:15-63.

KUMJIAN M R,KHAIN A P,et al,2014. The anatomy and physics of Z_{DR} columns:Investigating a. polarimetric radar signature with a spectral bin microphysical model[J]. Journal of Applied Meteorology and Climatology,53(7):1820-1843.

KUMJIAN M R,LOMBARDO K,2020. A hail growth trajectory model for exploring the. environmental controls on hail size:Model physics and idealized tests[J]. Atmos. Sci. ,77:2765-2791.

KUNZ M J,et al,2009. Recent trends of thunderstorm and hailstorm frequency and their relation. to atmospheric characteristics in southwest Germany[J]. International Journal of Climatology,29 (15):2283-2297.

LAMB D,VERLINDE J,2011. Physics and chemistry of clouds[M]. Cambridge,UK:Cambridge University Press.

LAURIE J A P,1960. Hail and its effects on buildings,Tech. rep. ,Council for Scientific and Industrial[R]. Research,Pretoria,South Africa.

LEBO Z J,2014. The sensitivity of a numerically simulated idealized squall line to the vertical distribution of aerosols[J]. Atmos. Sci. ,71:4581-4596.

LEBO Z J,2018. A numerical investigation of the potential effects of aerosol-induced warming and updraft width and slope on updraft intensity in deep convective clouds[J]. Journal of the Atmospheric Sciences,75(2):535-554.

LEBO Z J,MORRISON H,2014. Dynamical effects of aerosol perturbations on simulated idealized. squall lines[J]. Monthly Weather Review,42(3):991-1009.

LEBO Z J,MORRISON H,et al,2012. Are simulated aerosol-induced effects on deep convective clouds strongly dependent on saturation adjustment[J]Atmospheric Chemistry and Physics,12(20):9941-9964.

LESINS G B,LIST R,1986. Sponginess and drop shedding of gyrating hailstones in a pressure-controlled icing wind tunnel[J]. Journal of the Atmospheric Sciences,43(23):2813-2825.

LI M,ZHANG Q,et al,2016. Hail Day frequency trends and associated atmospheric circulation. patterns over China during 1960-2012[J]. Journal of Climate,29(19):7027-7044.

LI X,ZHANG Q,et al,2018. Water-soluble ions in hailstones in northern and southwestern China [J]. Science Bulletin,63(18):1177-1179.

LOMINADZE V P,BARTISHVILI I T,et al,1974. On the results of practical protection of valuable. agricultural crops from hail by the THRI (Zaknigmi) method[C]. Proc. WMO/IAMAP Sci. Conf. Weather Modification,Tashkent,WMO No. 399:225-230.

LUDLAM F H,1950. The composition of coagulation elements in cumulonimbus[J]. Quart. J. Roy. Meteor. Soc. ,76:52-56.

LUDLAM F H,1958. The hail problem[J]. Nubila,1:12-96.

MACKLIN W C,1962. The density and structure of ice formed by accretion[J]. Quart. J. Roy. Meteor. Soc. ,88:30-50.

MACKLIN W C,BAILEY I H,1966. On the critical liquid water concentrations of large hailstones. Quart[J]. Roy. Meteor. Soc. ,92:297-300.

MACKLIN W C,LUDLAM F H,1961. The fallspeeds of hailstones. Quart[J]. Roy. Meteor. Soc. , 87:72-81.

MATSON R J,HUGGINS A W,1980. The direct measurement of sizes,shapes and kinematics of falling hailstones[J]. Atmos. Sci. ,37:1107-1125.

MILLIKAN C B,KLEIN A L,1933. The effect of turbulence:An investigation of maximum lift. coefficient and turbulence in flight[J]. Aircraft Engineering,5(8):169-174.

MOHR S,KUNZ M,B GEYER,2015. Hail potential in Europe based on a regional climate model hindcast[J]. Geophysical Research Letters,42:10904-10912.

MOLINA M J,TIMMER R P,et al,2016. Importance of the Gulf of Mexico as a climate driver for U. S. severe thunderstorm activity[J]. Geophys. Res. Lett. ,43:12295-12304.

MONFREDO W,2011. Investigation into the record hailstone on 23 July 2010 at Vivian,South Dakota,USA[J]. Weather,66 (8):216-221.

MORGAN J G F,1972. On the growth of large hail[J]. Monthly Weather Review,100(3):196-205.

MORRISON H,MILBRANDT J A,2015. Parameterization of microphysics based on the prediction of bulk ice particle properties. Part I: Scheme description and idealized tests[J]. Mon. Wea. Rev. ,72:287-311.

MROZ K,BATTAGLIA,et al,2017. Hail-detection algorithm for the GPM core observatory satellite sensors[J]. Journal of Applied Meteorology and Climatology,56(7):1939-1957.

MUSIL D J,HEYMSFIELD A J,et al,1986. Microphysical characteristics of a well-developed weak echo. region in a High Plains supercell thunderstorm[J]. Journal of Climate and Applied Meteorology,25(7):1037-1051.

NELSON S P,1983. The influence of storm flow structure on hail growth[J]. Journal of the Atmospheric Sciences,40(8):1965-1983.

ORTEGA K L,KRAUSE J M,et al,2016. Polarimetric radar characteristics of melting hail. Part III:Validation of the algorithm for hail size discrimination[J]. Appl. Meteor. Climatol. ,55:829-848.

PFLAUM J C,1980. Hail formation via microphysical recycling[J]. Atmos. Sci. ,37:160-173.

PFLAUM J C,MARTIN J J,et al,1978. A wind tunnel investigation of the hydrodynamic behavior of growing freely falling graupel[J]. Quart. J. Roy. Meteor. Soc. ,104:179-187.

PRUPPACHER H R,KLETT J D,1997. Microphysics of clouds and precipitation[M]. Springer: Was Kluwer Academic Publishers.

PUNGE H J,BEDKA K M,et al,2014. A new physically based stochastic event catalog for hail in Europe[J]. Natural Hazards,73(3):1625-1645.

RASMUSSEN R M,HEYMSFIELD A J,1987. Melting and shedding of graupel and hail. Part I: Model. physics[J]. Journal of the Atmospheric Sciences,44(19):2754-2763.

RINEHART R E,TUTTLE J D,1982. Antenna beam patterns and dual-wavelength processing[J]. Appl. Meteor. ,21:1865-1880.

ROBINSON E D,TRAPP R J,et al,2013. The geospatial and temporal distributions of severe. thunderstorms from high-resolution dynamical downscaling[J]. Journal of Applied Meteorology and Climatology,52(9):2147-2161.

ROSENFELD D,LOHMANN U,RAGA G B,et al,2008. Flood or drought:How do aerosols affect precipitation[J]Science,321(5894):1309-1313.

RYZHKOV A V,KUMJIAN M R,et al,2013. Polarimetric radar characteristics of melting hail. Part II:Practical implications[J]. Appl. Meteor. Climatol. ,52:2871-2886.

SAMENOW J,2015. Corn stalk encased in ice hailed down from tornado-producing Texas thunderstorm[N]. Washington D C:The Washington Post.

SANDER J,EICHNER J,et al,2013. Rising variability in thunderstorm-related US losses as a reflection of changes in large-scale thunderstorm forcing[J]. Weather and Climate Extremes,5(4):317-331.

SCHUMANN T,1938. The theory of hailstone formation[J]. Quarterly Journal of the Royal. Meteorological Society,64:3-21.

SCHUSTER S S,BLONG R J,et al,2006. Relationship between radar-derived hail kinetic energy and damage to insured buildings for severe hailstorms in Eastern Australia[J]. Atmospheric Research,81(3):215-235.

SHEDD L,KUMJIAN M R,et al,2021. Hailstone Shapes[J]. J. Atmos. Sci. ,78:639-652.

SULAKVELIDZE G K,BIBILASHVILI,et al,1967. Formation of Precipitation and Modification of Hail Processes[M],Israel Program for Scientific Translations,Jerusalem,208pp.(translation of Obrazovanie osadkov i vozdeistvie nu gradovye protsessy, Gidrometeoizdat, Leningrad, SSSR,1965,264 pp.)

SWIFT J M,2013. Simulated hail ice mechanical properties and failure mechanisms at quasi-static. strain rates,Master's thesis[D]. Seattle,Washington:University of Washington.

TESSENDORF S A,MILLER L J,et al,2005. The 29 June 2000 supercell observed during STEPS. Part I: Kinematics and microphysics [J]. Journal of the Atmospheric Sciences, 62 (12): 4127-4150.

THEIS A,BORRMANN S,MITRA S K,et al,2020. A wind tunnel investigation into the aerodynamics of. lobed hailstones[J]. Atmosphere,11494.

VALI G,DEMOTT P,et al,2015. Technical note:A proposal for ice nucleation terminology[J]. Atmospheric Chemistry and Physics,15(18):10-263.

WAPLER K,HENGSTEBECK T,GROENEMEIJER P,2016. Mesocyclones in central Europe as seen by radar[J]. Atmospheric Research,168:112-120.

WITT A,BURGESS D W,et al,2018. Rapid-scan radar observations of an Oklahoma tornadic hailstorm producing giant hail[J]. Weather and Forecasting,33(5):1263-1282.

WITT A,EILTS N D,et al,1998. An enhanced hail detection algorithm for the WSR-88D[J]. Weather and Forecasting,13(2):286-303.

WITT A,NELSON S P,1991. The use of single-Doppler radar for estimating maximum hailstone size[J]. J. Appl. Meteor. ,30:425-431.

YANG H L,XIAO H,et al,2011. A numerical study of aerosol effects on cloud microphysical processes of hailstorm clouds[J]. Atmospheric Research,102(4):432-443.

YOUNG K C,1977. A numerical examination of some hail suppression,G. B. Foote and C. A. Knight,Eds. ,Meteor. Monogr. ,No. 38:195-214.

ZIEGLER C L,RAY P S,et al,1983. Hail growth in an Oklahoma multicell storm[J]. Journal of the Atmospheric Sciences,40(7):1768-1791.

第 2 章　雹胚与裂瓣

事实上，雹胚的差异对于冰雹类型的划分也十分重要。即使从同一个雹暴系统中降落至地面的冰雹，其基本物理特征都有较大的差异，不同雹暴系统中降落至地面的冰雹的差异性则更大。然而，这些冰雹的雹胚之间的差异性则较小。有研究表明，在同一个雹暴系统中，在地面同一个收集冰雹点，超过 80％的冰雹具有相同的雹胚(Knight et al. ,1970a)。

在雹胚的研究中，雹胚的温度及雹胚的运动轨迹也是十分重要的科学问题。通过雷达结合飞机的穿云观测与雹胚轨迹估算，并分析地面上所收集的雹粒子的晶体尺度与取向以及开展同位素组分检测等，可以较好地了解雹胚的增长过程。在这些方法中，粒子的环境温度是重要的因子，而绝热上升则是其中最为重要的假设条件。

对于自然雹胚的研究而言，首先要做的就是获取自然冰雹。通常在雷达观测定位和通讯联络的协助下，采样人员通过一个蚊帐做的漏斗，采集正在降落至地面的冰雹，将其浸泡于乙烷容器中，容器中干冰维持环境温度(Knight et al. ,1968)，然后将其移至实验室进行分析(事实上绝大多数的情况下，冰雹都是采样人员直接从地面上收集的)。雹胚特征信息则主要是在实验室通过切片获取。

2.1　雹胚的分类

事实上，雹胚的结构还是较为复杂的，很难从冰雹的外观对其做出准确的判断。由于大冰雹的增长层都有数厘米厚，有时可能会发现，直径为数厘米的冰雹，其中根本就没有完整的雹胚结构。当冰雹的直径≥2.5 cm 时，冰雹的早期生长部分(即：雹胚)的直径通常介于 0.5～1 cm。通常雹胚可以被简单地分为 4 类，即：①圆锥形雹胚(也称之为霰，以对称轴对称分布)；②球形透明雹胚(围绕中心透明的冰呈环形分布)；③球形具有气泡的雹胚；④前三类之外的所有类型的雹胚。通过对 40 个雹暴中的 400 个冰雹样本的分析，4 类雹胚出现的占比分别为 60％、25％、10％、5％(List，1958)。

冻滴雹胚主要源于小液滴碰并过程，或冰相粒子在 0 ℃以下高度融化后重新进入雹暴的过程，而霰粒子雹胚则主要源于过冷液滴在冰相粒子上撞冻过程。雹云中的初始冰相粒子主要包括冰晶、雪晶、聚合物、小冻滴和冰屑等。因为霰胚的初始冰相粒子太小，所以无法通过切片进行相应的分析。对于混合型雹胚而言，其主要源于冰雹的循环增长过程。事实上，多数雹暴的上升气流均穿过 0 ℃高度，从而导致冻滴和霰粒子混合型雹胚的形成。有研究表明(Knight，1981)，当云底平均温度升高时，冻滴雹胚出现的占比则会增大，而与之对应的霰粒子雹胚的比例则会减小，然而，由于雹暴的宏微观物理特征的差异较大，因此这样的结果在其他一些雹暴过程中并不成立。

Browning 和 Foote(1976)通过研究超级雹暴单体认为，雹胚的运动轨迹主要是：①雹胚进入主上升气流，然后在前向云砧中被移出，这一运动轨迹的雹胚对于冰雹的形成没有贡献；②雹胚进入主上升气流侧面强度相对较小的上升气流中，雹胚在上升运动的过程中得以生长，雹胚中的一部分下落至雹暴中层上升气流的停滞区，从而进入胚胎帘(反射率的悬垂体)，并缓慢增长；③较大的雹胚落入胚胎帘底部，并有机会重新进入主上升气流，从而在高液水含量的环境中(液水含量为 3～4 $g \cdot m^{-3}$，温度为 −20～−15 ℃)快速长大。其中第三种轨迹对于超级雹暴单体中大冰雹的形成最为重要。当雹胚的下落末速度与雹暴的上升气流速度相当时，最有利于雹胚的生长。

2.1.1 圆锥形雹胚

圆锥形雹胚是所有类型中占比最高的雹胚，可认为是球形壳扇形部分，也可以认为是没有尖顶的锥体(图 2.1)。

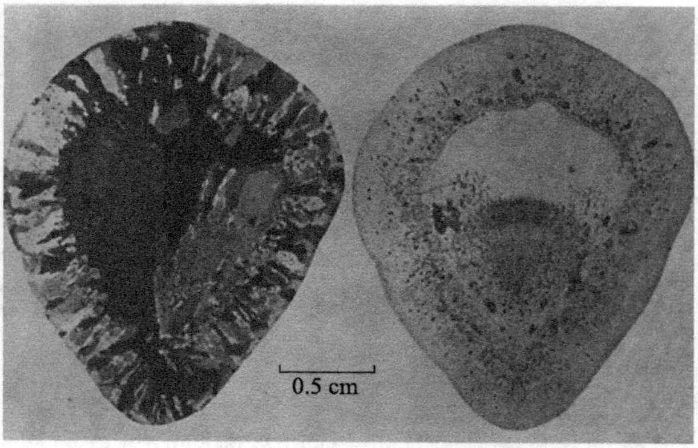

图 2.1 圆锥形雹胚(Knight et al.，1970a)

圆锥形雹胚的尖端区域包含有大量的气泡，气泡大小不一，且分布不规则，呈或大或小的晶体分布结构，偶尔也呈独立完整的晶体机构。尖端区域并没有明显的边界,尖端区域的气泡结构多呈海绵状(Knight et al.,1968)。对于圆锥形雹胚而言,很难知道尖端部分或锥体部分形成的先后顺序。圆锥形的霰通常有一端都较"钝",沿着锥体边缘分布的气泡比锥体内部的气泡大,且呈明显的径向分布。锥体内部是由含有大量气泡的冰组成的结构,其中气泡的尺度介于 10～100 μm,气泡外缘通常为一至多层的透明冰结构,气泡通常沿着同心圆呈径向均匀分布(图 2.2)。

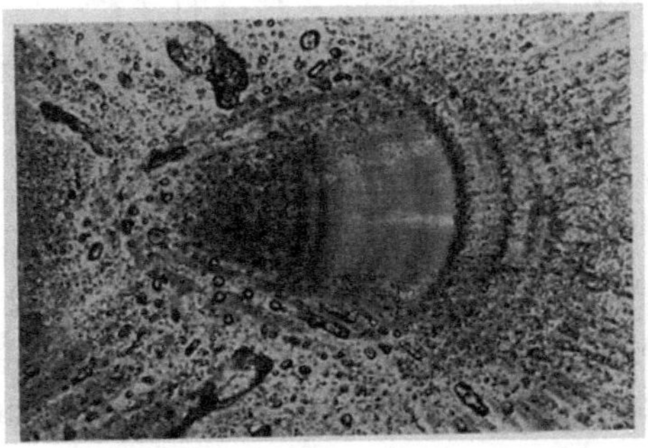

图 2.2　冰雹圆锥形雹胚中的气泡分布(Knight et al.,1970a)

当冰雹中晶体结构的尺度较大时,气泡含量与晶体结构尺度并没有直接的关系,然而,当晶体尺度较小时,其中则会含有大量的气泡。圆锥形雹胚的晶体排列与气泡分布并非呈海绵状。冰雹表面的透明层是在冻结层或冻结层以下高度附近处形成的,含有气泡的结构是淞附生长形成的。较大的晶体尺度说明在其形成过程中,环境温度较高(一般温度≥－20 ℃)。淞附生长过程中气泡的尺度通常大于液滴的尺度(液滴尺度通常为数十微米至数百微米)。

事实上,作为主要雹胚初始粒子的霰粒子,主要源于板状的雪晶、淞附针状雪晶的聚合物、冻滴以及板状的雪晶屑等。Heymsfield(1978)认为霰粒子主要是由云滴尺度的单个冰晶通过淞附形成。Fukuta(1980)通过过冷垂直风洞试验则认为,－10 ℃的等距冰晶的下落速度较大,更易增长为霰粒子。

Takahashi 和 Fukuta(1988)通过研究将霰的初始粒子分为:①板状冰晶(0.1～1 mm);②分枝的板状冰晶(0.3～2.9 mm);③板状冰晶的聚合物;④破碎的冰晶(0.1～1.8 mm);⑤其他形状的冰晶;⑥雪晶聚合物;⑦冻滴(0.1～0.9 mm);⑧冰粒子(0.1～1.9 mm)。通常认为较大的冰相粒子(如:冰粒子、冻滴、雪晶)是最常见霰的初始粒子。霰的初始粒子形成过程有时较为复杂,具体可能包括以下过程:①部分冻滴破碎,或部分霰粒子在下落过程中遇风切变或与其他水成物粒子碰撞而破碎;②当液滴的尺度与霰粒子相当时,其冻结后可成为霰的初始粒子;③雪晶在下落过程中遇风切变或与其他水成物粒子碰撞而破碎后,形成与冻滴尺度相当的小粒子。

Knight(1981)则认为,当云底温度高于 9 ℃时,利于冻滴形成霰粒子,而当云底温度低于 9 ℃时，则利于雪晶形成霰粒子。初始冰相粒子的形成过程会影响雹胚的形状，雪晶聚合物更易形成圆锥形雹胚。霰粒子的密度有着较大的变化范围，这与其形成机制、初始粒子的生长时间、撞冻的液滴尺度、液滴与霰粒子的碰撞速度、雹云中的液水含量以及环境温度等密切相关，典型霰粒子的密度为 0.4 g・cm^{-3}，其变化范围介于 0.82～0.87 g・cm^{-3}，通常霰粒子的密度由边缘向中心逐渐减小（Prodi，1970）。为了准确获取自然云中的霰粒子密度，通常在 0 ℃以上使用浸渍法测量，而利用精确测量获取的霰粒子质量与估算的三维尺度得到的密度精度则相对较差。通过计算分析得到霰粒子密度通常介于 0.2～0.7 g・cm^{-3}。霰粒子的密度（ρ）及质量（m），与其尺度（D）之间存在着较为密切的关系，具体如式（2.1）和式（2.2）（Heymsfield et al.，2014）：

$$\rho=0.18D^{0.33} \tag{2.1}$$

$$m=0.094D^{3.35} \tag{2.2}$$

2.1.2　球形雹胚

球形透明雹胚与球形具有气泡的雹胚通常在同一个雹暴系统中均能同时发现。前者结构清晰，而后者结构特征并不明晰（图 2.3）。

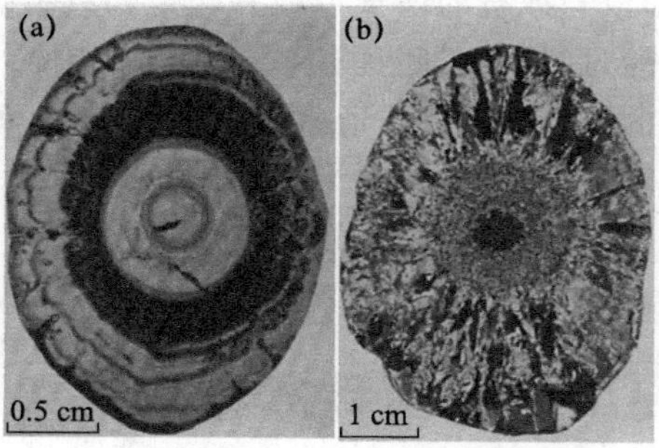

图 2.3　球形雹胚（Knight et al.，1970）

(a)球形透明雹胚的冰雹剖面；(b)球形具有气泡雹胚的冰雹剖面

图 2.3 中的球形透明雹胚的结构特征明显，具有透明的球形雹胚，且晶体结构较大，整个雹胚的尺度超过 1 cm。球形具有气泡雹胚的分层结构则不明显，其形成的原因相对复杂，可能发生了初始阶段的融化，随后冻结形成了淞附冰晶与雪晶的聚合物。雹胚一般呈海绵状结构，内部存在增长时液水冻结形成的裂纹。球形雹胚是在其下落翻滚过程中形成的，因此其形状多为对称的，特别是过冷液滴在雹云中冻结进而成为雹胚的过程尤为如此。椭球型雹胚，则很少见到一侧较平，而另一侧没有明显的凹陷。球形雹胚形成环境通常比圆锥形雹胚温度更高，且湿度更大。雹胚外缘较湿且柔韧的冰层有利于其下落翻滚形成球形，其环境温度通常高于－20 ℃。

多数的冻滴雹胚相较于霰粒子雹胚，其形成环境温度相对较高。

2.2 雹胚和冰雹增长的差异

雹胚和冰雹增长过程存在明显的差异。雹胚的直径通常≤1 cm，与冰雹的增长过程的主要差异如下。

1)雹胚的直径通常介于数毫米至 1 cm 之间，而冰雹生长层的厚度则在 1 cm 以上。

2)圆锥形雹胚在较小的增长范围内，增长的量级为毫米级，气泡含量的变化较大。冰雹的增长范围较大，其雹层厚度则为厘米级。事实上，较大的冰雹在空气中的相对下落速度也较大，在特定环境中的停留时间则较短。

3)含有大量的小气泡且晶体结构较大的圆锥霰雹胚，在冰雹增长过程很难看到。

4)气泡含量与晶体尺度的关系在雹胚与冰雹增长过程中完全不同。在冰雹增长过程中，大尺度的晶体对应透明的结构，而在雹胚增长过程中，大尺度的晶体则对应气泡不透明的结构。

5)事实上，雹胚的形成与冰雹的增长过程并非是连续的。内部的裂纹通常只存在于雹胚的海绵增长阶段，这使得雹胚具有一定的破碎结构。

6)透明球形雹胚中的海绵结构并非通常意义上的“气泡海绵体”。

雹胚在冰雹的形成过程中，也被称之为“触发粒子”(Weickmann，1953)。当雹胚被引入适于冰雹生长的环境后，大冰雹才能真正形成。

2.3 早期两种冰雹形成机制

早期的冰雹形成机制主要包括两种，即：“Browning-Ludlam 机制”与“前苏联机制”。其中，“Browning-Ludlam 机制”认为，雹暴中存在有利于冰雹生长的倾斜上升气流，在雹云的顶部存在出流，而在雹云底部又重新进入雹云的上升气流区，冰雹在这样的流场中往复多次，最终长大落下，该机制通常也被称为“循环增长机制”。“前苏联机制”则认为，雹云的液水含量达到 30 $mg \cdot m^{-3}$时，在最大上升气流区域之上，通过“Langmuir 链式过程”，大液滴冻结形成雹胚，过冷液水在雹胚上不断撞冻及淞附，最终长大落下，该机制通常也被称为“累积带机制”或“累积带理论”。

苏联基于雹暴气流中冰雹生长区域的“Langmuir 链式反应”机制给出了以大量液水累积为特征的冰雹生长概念模型。“Langmuir 链式反应”是雹暴中快速增加大液滴的主要机制。当大液滴增大至其阈值尺度(直径约为 5 mm),其可能会破碎为 2～10 个较大液滴(直径约为 1 mm)及更多的小液滴。这些新的相对较大的液滴会继续消耗云中液水而长大,几分钟后可重新达到阈值尺度后而破碎。只要云中含有液水供液滴增长,这样的循环就会持续下去。如果这些过程发生在雹暴的高层或者在最大上升气流速度的高度,则雹云中的大液滴不会消失。云中水成物粒子通常会停留于上升气流速度等于其下落末速度的位置处。大液滴破碎后,破碎的液滴被上升气流带到新的平衡点,随着液滴的增长,其位置会发生向下的移动。进入增长循环的液滴数将迅速增加,且从下方捕获的云水不断增加,云水得以在一个区域中累积。在高液水含量的条件下,冰雹将快速增长。

尽管液水累积和冰雹增长的概念考虑的因素已经较多,但是仍然存在一些瑕疵。第一,上升气流强度随高度减弱的区域是水平辐散区域,其会限制液滴在这一区域的停留时间。第二,由于液水存在重量,液水的累积将导致上升气流减速,从而使得累积带在垂直方向变薄且水平辐散增加,以上两个因素将使累积带减弱。第三,即使以上两个因素并不重要,累积带确已形成,其主要还是用以解释小冰雹的形成过程的。累积带底部位于上升气流速度等于最大液滴的下落末速度处,冰雹进一步的增长可能以降低的速度发生于累积带之外。雹暴累积带还是大冻滴产生的主要区域。

如果冰雹具有圆锥形雹胚,且干增长从小的液滴开始,则"累积带机制"并不适用。透明的球形雹胚,可能是大液滴在进一步增长之前便完全被冻结了,这一点与"累积带机制"完全不同。实际上,由于雹胚的位置较难确定,"循环增长机制"在针对雹胚的研究中并没有完全得到证实。绝大多数的雹胚形成的温度高于－20 ℃,这与"循环增长机制"可能也是相悖的。

通常认为"循环增长机制"适用于尺度较大、处于稳定状态的雹暴,"累积带机制"则适用于尺度较小、持续时间较短的雹暴。

2.4　冰雹的裂瓣结构

冰雹的裂瓣结构与其增长条件密切相关。自然形成的冰雹的裂瓣存在较大的差异,如:尖裂瓣与冰柱裂瓣同时存在。冰雹的裂瓣结构表明冰雹经历了不稳定生长过程。冰雹表面上的任何突起部位都比其周围的部分增长得快,这也被称之为"屏蔽效应"。当冰雹的表面湿度较高时,由于热量的快速传输,表面迅速冻结,因而被称之为"冻结效应"(Knight et al.,1970a)。冰雹裂瓣的形成与其翻滚有一定的联系。尖裂瓣向内指向冰雹中心(图 2.4),且裂瓣主要在干增长形成的气泡结构之中。

沿着尖裂瓣的方向或多或少径向分布着具气泡的透明冰,这可能是干增长后的湿增长过程中液水填充后形成的。冰柱裂瓣在轻微的“海绵增长”过程中更易形成(图2.5)。

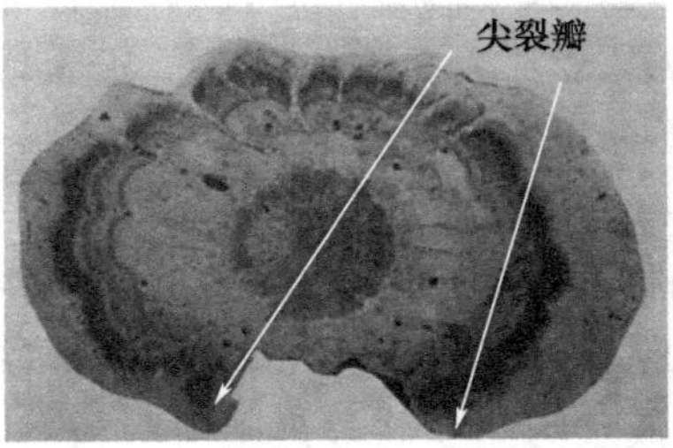

图 2.4　冰雹的尖裂瓣
(Knight et al. ,1970b)

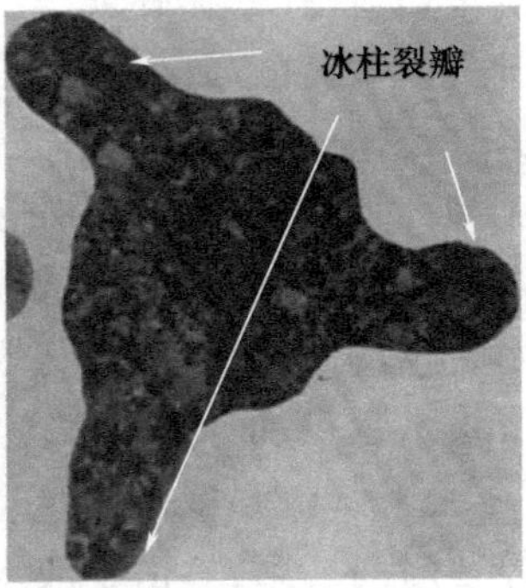

图 2.5　冰雹的冰柱裂瓣
(Knight et al. ,1970b)

2.4.1　冰雹的尖裂瓣

通过对冰雹切片的分析可知,冰雹下落过程产生的翻滚与尖裂瓣的形成有一定的关系。如果冰雹下落时方向不变,向下的每一个点将以相对不变的方向收集液滴。很显然,在这样状态下,冰雹表面的撞冻会持续发生。

如果冰雹在下落的过程中翻滚并摆动,冰雹增长表面的每一个点都会从多个方向收集液滴。在这种情况下,处于不同翻滚阶段的冰雹,将会完全屏蔽其周围的表面部分收集液滴。随着冰雹尖裂瓣结构不断地形成,裂瓣之间的沟状部分收集到液滴的机会将会越来越小,只有在特定角度时沟状部分才能收集到液滴。同时裂瓣,特别是突出的最远的裂瓣,则在很大的角度范围内都能收集到液滴。当冰雹增长源于较小的液滴时,环绕尖裂瓣的湍流将减弱其增长,但并不能完全阻止其生长。

事实上,很难证实冰雹裂瓣之间部分在增长过程中温度是否与裂瓣的增长温度存在较大的差异,可能会存在一定的差异,裂瓣之间能够获取的水物质相对较少,因此需要被传输的热量也会相对较少。冰结构中的热传导应当满足其表面最终达到温度的均一性。因此,清澈冰将充满尖端裂瓣线,渗透的液水将充满有空间的通道或多孔的冰结构。

冰雹的尖裂瓣结构主要是在其干增长过程中形成的。冰雹翻滚时,每个过冷液滴与尖裂瓣碰撞会冻结。由于处于冰雹的干增长阶段,雹云中的液水含量并不高,因此液滴的尺度也相对较小。

2.4.2 冰雹的冰柱裂瓣

在冰雹的清晰冰结构中可以发现冰柱裂瓣，冰柱裂瓣在所有的方向都具圆滑的外形，且表面浮凸，裂瓣之间的距离较大，裂瓣呈冰柱状(图 2.5)，其中具有气泡与晶体的纹理。由典型的冰柱裂瓣结构的“超精细”增长层可知，在发展良好的冰柱裂瓣中沿轴径向分布着气泡，而发展较差的冰柱则有明显的“海绵增长”特征，也有少部分的冰柱裂瓣是在冰雹湿增长环境中形成的。

冰柱裂瓣的形成原因之一是“撞冻效率效应”(这一点与尖裂瓣形成的原因相同)，而在冰雹表面液水层冻结时，突出的冰柱部分冻结得更快则是另一个原因。此外，由于冰雹表面的液水层是可移动的，当冰雹裂瓣于雹云的气流中横向延伸时，在重力的作用下，液水层会向冰雹突出的尖端流动，这是冰柱裂瓣形成的另一个原因。

2.4.3 冰雹裂瓣结构与径向分布的气泡

冰雹在其生长过程中可形成裂瓣。在清晰的冰结构中径向分布的气泡与在裂瓣中分布的起源是相同的。当冰雹含有径向分布气泡的清晰冰层与气泡层相邻时，会使得冰雹表面形状复杂，而气泡则沿着裂瓣放射性分布，清晰的冰层可能是在相对较干和较暖的环境中形成的。通常在裂瓣中气泡层内也径向分布着规律排列的气泡，而气泡的分布尺度与裂瓣的尺度相关联。

2.4.4 冰雹中的气泡

冰雹粒子中分布着大量的气泡。冰雹粒子晶体结构部分的密度可以通过平面气泡的总面积进行推算，但与真实的密度存在一定的差异。冰雹中不透明晶体结构中含有大量的小气泡，清晰或透明晶体结构中含有低浓度的大气泡。

冰雹中的气泡与其增长过程中外部液水的冻结条件密切相关，冰雹中的气泡尺度与气泡的浓度呈对数正态分布。冰雹中不透明晶体结构(平均平面气泡直径约为 42 μm，平面气泡浓度约为 500 个 · cm^{-2})与含有小气泡清晰晶体结构或含有少量大气泡透明晶体结构相分离(List et al.，1972)。

参考文献

BROWNING K，FOOTE G，1976. Airflow and hail growth in supercell storms and some implications for hail suppression[J]. Quarterly Journal of the Royal Meteorological Society，102(433)：499-533.

FUKUTA N,1980. Development of fast falling ice crystal in clouds at $-10℃$ and its consequence in ice phase process[C]. Proc Eighth Intl Conf on Clouds Phys,Clermon-Ferrand:97-100.

HEYMSFIELD A J,1978. The characteristics of graupel particles in northeastern Colorado cumulus congestus clouds[J]. J Atmos Sci,35:284-295.

HEYMSFIELD A J,WRIGHT R,2014. Graupel and hail terminal velocities:Does a "supercritical" Reynolds number apply? [J]. J Atmos Sci,71:3392-3403.

KNIGHT C A,KNIGHT N C,1968. Spongy hailstone growth criteria I. Orientation fabrics[J]. J Atmos Sci,25:445-452.

KNIGHT C A,KNIGHT N C,1970a. Hailstone embryos[J]. J Atmos Sci,27:659-666.

KNIGHT C A,KNIGHT N C,1970b. Lobe structures of hailstones[J]. J Atmos Sci,27:667-671.

KNIGHT N C,1981. The climatology of hailstone embryos[J]. Appl Meteor,20:750-755.

LIST R, 1958. Kennzeichen atmosphärrischer Eispartikeln [J]. I. Z. Angew. Math. Phys. , 9a: 180-192.

LIST R,MURRAY W A,DYCK C,1972. Air bubble in hailstones[J]. J Atmos Sci,29:916-920.

PRODI F,1970. Measurements of local density in artificial and natural hailstones[J]. Appl Meteor, 9:903-910.

TAKAHASHI T,FUKUTA N,1988. Observation of embryos of graupel[J]. J Atmos Sci,21:3288-3297.

WEICKMANN H,1953. Observation data on the formation of precipitation in cumulonimbus clouds [M]. Thunderstorm Electricity,University of Chicago Press:66-138.

第3章 冰雹的微测量与试验

由于冰雹的形成过程及其结构均十分复杂，对其微结构的分析与研究需要借助一些特殊的方法，本章将重点介绍氘含量的测量、液水分布分析、显微探针分析和试验室模拟等。

3.1 雹暴上升气流入流水汽与冰雹生长层中氘含量的测量

雹暴上升气流入流水汽与冰雹生长层中氘含量的测量，有助于获取冰雹在雹暴中的运动增长轨迹，从而可以对冰雹增长的高度范围进行相应的验证。

3.1.1 理论与方法

Facy(1963)最先利用冰雹增长层中的氘含量(即：氘与氢的比例(D/H，或HDO/H_2O))分析冰雹的增长轨迹。对于冰雹中氘含量的解释，有赖于一些基本假设条件，而其中最为重要的是冰雹增长过程中绝热上升。增长中的冰雹在雹云中收集过冷液滴，同时保留了其中的D/H值。液滴中的D/H值随高度的变化是基于绝热假设条件下水汽中的含水量获得的，且液滴与水汽始终处于平衡状态，平衡分馏因子为α，具体定义如下：

$$\alpha=\frac{N_c}{N_v}=\frac{\delta_c+1}{\delta_v+1}\approx 1.1 \tag{3.1}$$

其中，N_c与N_v分别为HDO于云水与水汽中的摩尔分数，δ_c与δ_v则分别为云水与水汽中的常规单位氘含量。δ单位为‰(千分比)，其与“标准平均海水(SMOW，standard mean ocean water)”相关。若N为样本中HDO的摩尔分数、N_{SMOW}为标准平均海水的摩尔分数，则$\delta=N/N_{SMOW}-1$。实验室测量表明α接近于1.1，在0～－35 ℃的范围内，其值变化约为6%。

δ_c在绝热上升过程中随高度变化的主要原因是当水汽含量变化时α保持不变。二者总的水汽混合比为q_0，具体如下：

$$q_0=q_c+q_v \tag{3.2}$$

而总的氘氢比率 $\delta_0 q_0$ 则为常数(δ_0 为总的常规单位氘含量)，具体如下：

$$\delta_0 q_0 = \delta_c q_c + \delta_v q_v \tag{3.3}$$

计算氘于云水与水汽分馏的常规方程可由下式给出：

$$1+\delta_c = \alpha^* (1+\delta_0) \tag{3.4}$$

其中，

$$\alpha^* = \frac{\alpha}{1+(\alpha-1)(q_c/q_0)} \approx \frac{1.1q_0}{q_0+0.1q_c} \tag{3.5}$$

3.1.2　基本假设

在氘含量分析中涉及绝热假设，主要是指没有环境空气与云混合及在形成冰雹的云水前没有损耗。如果环境空气被夹卷进入云中，δ_0 因水汽的混合而被改变，且 q_c/q_0 也因稀释而被改变。由于环境水汽随高度的增加而减小，因此在这个过程中 δ_c 与 δ_0 也会减小，而随着 q_c/q_0 的减小，α^* 增加。若累积带在冰雹增长层高度之下，云水将会被消耗，进而影响 δ_c。若累积带位于冰雹增长层高度，δ_c 则不受影响。

假设液滴(主要指除了雨滴之外的云滴)处于平衡状态，在液滴的冻结过程中 δ 则保持不变。当冰雹由大的液滴冻结或在大的液水含量中形成，则需要假设液滴的飞溅和破碎等过程是可以被忽略的。雹暴通常可以在充分混合的边界层中获取足够的水汽，这通常也是一种明显的假设。

直接对这些假设的验证是较为困难的，而间接的验证主要是通过分析气泡及晶体结构中的氘含量来完成的(Roos et al.，1977)。

3.1.3　典型的氘含量测量分析过程

以下通过两个观测试验过程来介绍冰雹中氘含量测量分析过程(Knight et al.，1981)。在 1976 年 6 月 22 日 NHRE 试验过程中，在观测飞机上装备水汽收集器(以单丁醚中的干冰作为冷却剂)。观测飞机在云底以下高度，反复横穿雹暴主入流区，观测时打开收集器阀门。试验过程中，地面设置蚊帐漏斗与乙烷干冰容器的冰雹采集器。冰雹干增长过程中的晶体尺度随着温度的降低而减小，且在 −20 ℃时的尺度变化尤为明显(冰雹增长的温度范围介于 −32～−13 ℃)，冰雹小晶体中 δ_0 的值在 −85.35‰～−66.9‰，通常冰雹的晶体尺度与氘含量之间不存在明确的关系。冰雹中气泡的结构松散，其中的氘含量也不能真实反映冰雹的增长过程。

在 1977 年 5 月 28 日美国俄克拉何马州的试验中，由飞机进行两次采样。采样期间的相当位温分别为 352±2 K 与 306±1 K，而水汽混合比则介于 16～17 g·kg^{-1}，采样过程中地面收集到 4 个冰雹样本，冰雹的直径为 3 cm 左右，冰雹整体呈球形或椭球形对称，其中气泡丰富。在这些冰雹样品中，清晰冰结构的氘含量较高，含有气泡冰结构中的氘含量则较低。液水含量的迅速减小，将导致冰雹富含气泡的干增长过程发生。

事实上，雹暴入流中 δ_v 值的相对稳定也是一个假设，该假设是否成立仍需进行验证。多单体雹暴中，冰雹生长主要发生于加强的上升气流区。雹暴发展初期，在发展的雹云单体中，上升气流相对较弱，且含水量较低。这样的条件较适于低密度霰粒子的生长，当这样的生长持续发生，霰粒子将增长至冰雹粒子的尺度。当多单体雹暴进入成熟阶段，雹云中存在与高液水含量相伴的绝热上升气流。在一区域内，低密度冰雹将经历湿增长，且液水填充进入冰雹中的孔洞结构，随后在冰雹的下落过程中冻结为高密度的冰雹。在这样的雹暴中，冰雹经历了从一个单体进入另一个单体，或者从较弱的上升气流进入较强的上升气流的变化。在这些变化过程中，发生了多次由低密度凇附向湿增长的转变。1976 年 6 月 22 日 NHRE 试验过程中，多单体尺度较大，入流范围大，且其中的上升气流强，氘含量范围也较大，冰雹的晶体尺度与氘含量之间的关系不明确，但与冰雹的增长则有较明确的关系，与入流的空间变化也有一定的联系。1977 年 5 月 28 日美国俄克拉何马州的试验雹暴入流中氘含量变化明显。

由两个观测试验可知，冰雹的轨迹在雹暴上升气流中通常不会很高，即不会超过－30～－25 ℃的高度。在冰雹的增长过程，由于低层上升气流弱，且上升气流轴是倾斜的，因此在其下落至融化层之前就会被移出上升气流。多数冰雹生长区域介于－25～－10 ℃(这表明液水在－25 ℃以上的高度几乎被耗尽，冰雹在－10 ℃的高度便可能脱离上升气流)，雹胚在云内相对较低的高度形成后，则有机会进入强上升气流，从而长大成冰雹，最终在雹胚进入上升气流以上的高度落下。

3.2　冰雹中的液水分布

雷达是探测雹暴及其中冰雹形成过程最重要的设备之一。由于雷达探测时，冰雹的后向散射与其他水成物粒子存在较大差异，因此可以根据雷达后向散射的定量探测信息分析冰雹的一些基本特征。然而，雷达精准探测有赖于对各类水成物粒子形状、尺度和折射率的了解，其中前面两个因子较容易获取，而折射率通常较难获取(冰雹是冰水混合物，其折射率尤其难以获取)。

电磁波在非均匀复合介质中传播时，复合介质的有效介电常数 ε，需考虑静电场特征，并假设单个粒子足够小，电偶极辐射容易被激发。如果一些粒子是良导体，电磁波在传播的过程中磁偶极辐射则不能被忽略(Stroud et al.，1978)。

复合介质的有效介电常数 ε，不仅有赖于介电常数 ε_1 与 ε_2 及介质体积分量 V_1

与 V_2，而且也有赖于各分量的几何配置与尺度分布。

为了确定冰雹中的水分布结构，针对冰雹切片进行相应的分析是较为直接的方法。冰雹被收集后，浸泡于干冰制冷的－78 ℃的乙烷中(Knight et al.,1968)。由于冰雹中液水的快速冻结，冰雹中的气泡结构将与冰雹缓慢冻结的结构完全不同。快速冻结的冰雹密度高，其中气泡分布较为规律。在显微镜下，用反射光观察快速冻结的冰雹中的液水，其呈半透明状态，而缓慢冻结的冰则呈透明状态，且其中离散分布着大气泡。利用该方法还可确定海绵状冰雹中水的分布特征(Knight et al.,1973)。最常见海绵状冰雹是霰与水的组合体，其中水被限制在平行于生长方向延伸的纤细管道中(其中部分管道互相连通)。海绵状冰雹由圆锥形雹胚生成，其中含水量自冰雹尖锐的一端向另一端减小，而气泡则呈不同尺度的点或环形分布(图 3.1)。

图 3.1　海绵状冰雹切片(Chýlek et al.,1984)

通过分析地面收集到的冰雹发现，液水在冰雹中形成相互连通的结构。这类冰雹是由嵌入水基质中的冰粒构成。Bohren 和 Battan(1982)认为，对于嵌入水基质中的冰粒构成的冰雹，用 Maxwell-Garnett 方程计算后向散射截面可能更加准确。海绵状冰雹的生长主要在融化层以上的雹云内。海绵状冰雹中固态冰将离散的环状液水结构分割开。当冰雹穿过海绵状冰雹的生长环境时，其表面便会形成海绵状的冰壳，这样冰壳对地面将形成较为严重的影响。

3.3　冰雹的显微探针分析

气溶胶可源于陆地与海洋，其对雹暴等天气过程有着潜在的影响。Gillette(1974)曾分析了风对于土壤的侵蚀，并测量了进入大气的土壤粒子的浓度及其尺度分布。

利用 X 射线电子显微探针可以分析冰雹粒子内的基本化学组分，从而通过分析这些组分的可能来源，确定：①土壤成分是否在雹暴天气过程中进入其上升气流，进入了冰雹粒子；②化学组分与其尺度的关系；③何种组分参与了冰雹的生长过程；④分析土壤中的盐粒子是否进入了冰雹。

Gitlin(1977)选易受侵蚀的土壤源地的土壤样本(地面至 1 cm 的深度)。具体的分析方法是：

1)在 X 射线定量和半定量的分析中，将样本粒子混入透光粉末，然后抛光并施以碳涂层。

2)将地面收集的细沙粒通过超声波筛选分级，将直径小于 20 μm 粒子存于柔性火棉胶玻璃碳盘上，并施以碳涂层。

冰雹切片准备好后，利用真空泵处理，最终只留下玻璃碳基质上的颗粒物。

X 射线的工作电压为 15 kV，工作电流为 0.03 μA。

对冰雹切片进行 X 射线电子显微探针分析，发现其中的粒子有高光的彩色光环围绕，这些光环发射出氯和钠的 X 射线，还有一些样品中光环发射出钾、钙、铝的 X 射线。

对样品的分析结果表明，气溶胶在冰雹生长的过程中与冰雹结合，并没有直接沉降至地面。如果冰雹降落至地面，这些气溶胶将随着冰雹的冰结构破裂渗透出来，那么 X 射线电子显微探针分析时就无法观测到光环结构。由于冰雹中的气溶胶含钙量很高，表明其主要源于一些下垫面的土壤。冰雹升华后，很难确定气溶胶粒子的尺度。

气溶胶粒子进入冰雹可能有以下途径：①气溶胶可成为云凝结核与冰核参与冰雹的干湿增长；②在雨滴降落路径中的气溶胶，有机会进入雨滴；③雨滴与气溶胶粒子被下落的冰雹清除。在这些气溶胶中硅酸铝并不是主要的成分。由于一部分钾与钙成分可溶于水，其有机会参与冰雹的湿增长，因此其浓度要高于铝的浓度。

在冰雹的切片中可发现盐溶液围绕着土壤颗粒分布，冰相组织可将盐溶液冻结于其中(除非温度过高无法冻结)。冰雹中的粒子与液滴共存的物质表明，雹云中的气溶胶可能源于海洋，盐溶液和盐粒子的存在将影响冰雹的生长速率。空气中的土壤粒子可通过夹卷进入雹暴的系统，并影响冰雹的生长过程，其中钾与钙的含量远高于铝的含量。

3.4　实验室模拟的冰雹生长

3.4.1　冰雹结构

亚里士多德在公元前 340 年曾对冰雹进行过分析，并试图解释其生长过程。自那时起，人们通过分析冰雹中的晶体与气泡结构获取了大量关于冰雹的信息。

总体而言，学术界普遍认为，冰雹是通过对过冷水收集以及其后过冷水的冻结形成的，然而，对于冰雹增长过程的细节方面仍存在较大的争议，特别是对于冰雹生长过程中不同云环境中的表现差异争议尤为激烈。一方面，有学者认为，在以低液态水含量、小云滴和低温为特征的云层区域液滴迅速冻结为冰雹，冻结的液滴通常保持球形。由于收集过程的随机性，连续的撞击的液滴以不规则的链状方式冻结在一起，相邻链之间有较大的空隙(Macklin,1962)。小的球形冰相粒子结合在一起中间存在空隙，使得冰雹的最小密度接近 0.1 g·cm^{-3}，而通常冰相粒子的密度则接近于 0.9 g·cm^{-3}，此类冰雹的生长也被称为低密度生长，或低密度淞附生长，这类冰雹看起来更接近于雪球。另一方面，在云中高液水含量区域大量的过冷液水被冰雹在短时间内通过撞冻后收集，当收集速率超过冻结潜热转移到环境中的速率时，一些液水保持未冻结状态，此类冰雹生长也被称为的湿生长(Ludlam,1950)。通常而言，剩余未冻结的液水会留在撞冻生长的冰雹晶体结构之间，而其中一部分则会脱离冰雹(List,1961)。在固态冰雹表面的湿增长阶段，液水含量为 15%左右(List,1977)。当湿生长叠加在先前获得的多孔低密度淞附层上时，多余的水则可以填充至淞附结构内的所有空间。填充机制是通过毛细作用产生的，液水被吸入淞附的孔隙中，这类似于海绵吸收液水的过程。与雪球相似，完全由湿生长形成的冰雹，或由湿生长叠加在低密度淞附形成的冰雹看起来类似于湿雪球，是冰和水的混合物，其中非冻结的液水含量可以高达 80%(Macklin,1977)。

冰雹在密度极低与湿度极大之间还可能存在另一种生长模式。多数在地面观测到的冰雹质地坚硬(其中固态冰的密度接近 0.9 g·cm^{-3})，低密度淞附或非冻结液水含量很低(Mossop et al.,1961)。冰雹的尺度和密度与其环境条件密切相关。在冰雹生长的整个或部分过程中，其主要经历了湿增长过程，这意味着它们在生长过程中必须经历高含水量的淞附湿生长，然后在与地面撞击之前冻结。

一直以来，人们认为云内环境决定着冰雹的生长模式，在冰雹的生长过程中，固态冰相粒子撞冻液水的生长模式是最为常见的。因此，大多数对于冰雹气泡和晶体结构的模拟，都集中冰相粒子的直接生长或撞冻液水的湿生长过程上。对于淞附生长冰雹的性质的研究尚不够系统。

List(1958)认为，雹胚和小雹均源于霰粒子，冰雹粒子的不透明程度是初始淞附密度的函数(Kidder et al.,1964)。Pflaum(1980)则认为，冰雹的形成是可以通过低密度增长来促进的，而这在冰雹生长初期尤为明显。

3.4.2 冰雹结构的试验技术

试验空间：在一个温度可调节的房间里布置一个水平结冰风洞，房间里的空气由离心风扇驱动进入。风洞可喷水，其收缩部分长 1 m，为矩形截面，其中安置的圆柱体上可生长冰结构物质。风洞中气流速度的变化范围为 0～35 $m \cdot s^{-1}$。过冷液水在风洞的矩形截面末端旋转的铝棒上的圆柱形发泡胶基底上撞冻，其中还安装有温度监测器。

试验中可模拟两种类型的云。类型 1：较窄滴谱，液滴体积半径的中位数为 12 μm；类型 2：较窄滴谱，液滴体积半径的中位数为 5 μm。冰雹的湿增长主要对"类型 1"进行模拟，其液水含量可由水气压进行调剂，介于 0.1～6.0 $g \cdot m^{-3}$。在整个温度范围内，都可以模拟低密度凇附和湿生长。对热弛豫和扩散弛豫时间的计算表明，在云与撞冻生长的圆柱体接触之前，它已经与环境条件达到了近似平衡。当生长与冻结完成后，将圆柱体从铝棒上取下，将发泡胶基底以内的圆柱体去除，只留下冰结构并制作人工冰雹切片，手工锉平，使表面光滑，将切片放在载玻片上，并将其变薄至所需厚度。气泡结构是在透过 1 mm 薄切片的光中拍摄的，然后将该厚度减少到 150 μm，记录交叉极化子之间的晶体结构。

典型的试验过程如下：实验室温度可调至预期范围，发泡胶圆筒上冻结一层薄的固体冰。测量覆冰圆柱体的宽度，并对圆柱体进行称重。启动离心式风扇和喷雾器，调整到所需的条件，将旋转的圆柱体放置在结冰风洞的远端。在撞冻过程中不断监测温度。凇附被允许生长到大约 0.5～1.0 cm 的厚度（这与在较大的天然冰雹中观察到的平均层厚度相近），此时关闭过冷液水的输入装置，并测量凇附圆柱体的宽度和重量。

冷液水的输入装置被重新激活，调整到产生湿生长条件。随着圆柱体再次旋转，并允许湿生长过程继续。当嵌入热敏电阻指示液水撞冻的内边缘已经与环境达到热平衡时，再次制备薄片并拍照。

凇附生长的密度介于 0.1～0.8 $g \cdot cm^{-3}$，而生长的环境温度分别为 −10 ℃、−17 ℃、−25 ℃。

在试验过程中，液水含量与云滴尺度随机进行取样，以确保云参数的总体稳定，并与实际大气中的状态基本相近。试验时间则进行较长的维持，以便过冷液水在与圆柱体作用前在空间上达成均一分布。

3.4.3　试验结果分析

冰结构在圆柱体上的生长与冰雹在自然条件的增长是不同的。在大气中，球形冰雹在三维空间中是自由旋转的，在试验室中圆柱体上冰结构的生长被限制在固定旋转的一维空间内。因此，在试验中将观测到的冰雹结构与试验室中产生的冰结构增长联系起来时，应该尽量寻找它们之间的相似性。

在实验室中可以模拟生长出尖裂瓣结构，这种结构的发展可归因于冰雹在小云滴环境中生长时的收集液滴的效应。由于收集液滴过程表现出明显的随机性，在增长的冰雹表面可形成小的突起。随着冰雹持续的生长，其表面的小突起变得越来越明显，并且在收集液滴方面比周围的凹陷区域越来越有效，最终形成尖裂瓣结构。Bailey 和 Macklin(1968)认为，在人工冰雹生长的条件下，当云滴的半径≤15 μm，则易于在冰雹表面形成突起的裂瓣。

图 3.2 中的洞是圆柱体移除后留下来的，其中靠近洞最内层的窄层为覆在发泡胶基底上的冰层。往外第二层通常颜色较暗，是冻结的淞附层。再往外为湿生长层。只要在人工冰雹生长过程中，湿度不继续增加，裂瓣可在不透明的冰结构中形成，淞附冰结构可在透明的冰结构中持续生长。

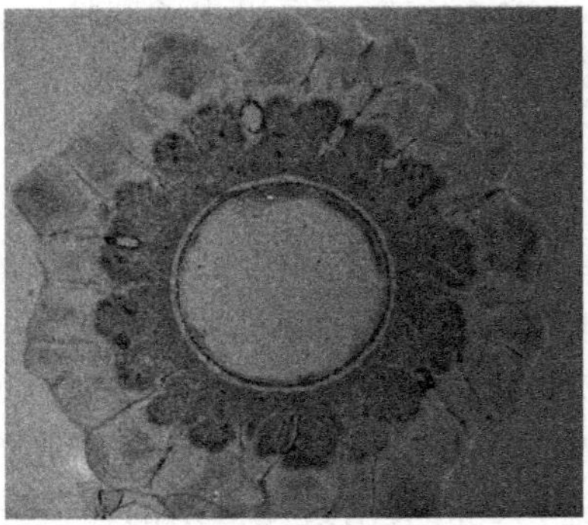

图 3.2　试验室人工冰雹切片(Pflaum,1984)

(显示切片结构和径向气泡，其中淞附生长的环境温度为 −10 ℃，淞附形成的冰结构密度约为 0.4 g・cm^{-3}；湿生长的环境温度为 −17 ℃)

通常自然冰雹的尖裂瓣被气泡链所区隔，径向分布的气泡链可穿越不透明冰层，并嵌于透明冰层的狭窄通道内，这是过冷液水穿透低密度冰层或裂瓣间的通道所造成的。在冰雹的湿增长过程中，过冷液水将充满冰结构中的通道空间，并将裂片中的淞附多孔冰结构完全包围。

当液水冻结时，空气在冰水界面处会被排出。如果冻结发生得很快，刚形成的气泡就会被冻结于先前的冰水界面处，并形成不透明的冰层。如果冻结过程发生得较慢，其中的空气有机会汇集成更大的气泡，并逃逸到周围的大气中，从而使冰层相对清澈，冰层中只剩下为数不多的较大的气泡。List 等(1972)也认为，冰雹中不透明冰层包含有许多小气泡，而透明层则含有少量的大气泡。尽管冰雹中直径大于 100 μm 气泡极少，但其在透明和非透明层中都可能存在。

Carras 和 Macklin(1975)认为，实验室的冰雹湿增长过程中气泡特征与自然冰雹中的气泡特征接近，而与自然冰雹中的不透明层相比，实验室生长的固体冰中的气泡谱相对较窄。虽然实验室中平均气泡大小和浓度相似，但实验室生长的淞附体中明显没有较大的气泡。

实验室中冰雹气泡的形成与不完全的凇附增长过程相关联，随着凇附体密度的增加不完全的凇附增长将减弱。通常只有当初始凇附密度低于 0.3 g·cm^{-3}时，才会观察到大量的大气泡空腔。

冰雹的晶体结构可用以推断其生长的环境特征，其晶体尺度通常介于 50 μm 至 1 cm 之间，与其所处的温度关系最为密切。

实验室模拟的冰雹结构与实际的冰雹之间相似度较高，这表明低密度凇附和随后湿增长与冻结是雹暴中冰雹生长的重要过程。实验室的冰雹结构分析，不仅可以识别凇附增长形成的冰雹层，还可以粗略估计初始凇附生长冰结构的密度。这些将有助于提高对于冰雹生长模式的认识以及有利于推断雹暴内部微物理环境。通过实验室研究可知，冰雹的密度并非 0.9 g·cm^{-3}左右的固定值，其在低密度生长期间，下落速度远低于高密度冰雹的速度（Pflaum，1980）。冰雹不同的降落速度会改变冰雹对雹暴内部风场的响应。因此，冰雹的生长路径与其密度高度相关。而冰雹中同位素的测量可以更准确地确定其环境生长温度。

实验室可模拟冰雹的生长过程中的一些基本特征，如：①尖裂瓣结构；②裂瓣与透明冰层中的径向分布的气泡；③透明与不透明冰层中的气泡分布；④冰层中毫米及以上尺度的气孔；⑤晶体尺度随温度的变化；⑥再结晶效应；⑦通过不透明度的剧烈变化生长的大晶体；⑧穿透性晶体结构。实验室内冰雹的生长以低密度凇附、湿增长以及随后的冻结为主要的特征。

对于冰雹研究而言，需通过实验室研究、现场观测和数值模拟才能真正取得重大进展。

参考文献

BAILEY I H, MACKLIN W C, 1968. The surface configuration and internal structure of artificial hailstones [J]. Quarterly Roy Meteor Soc, 94: 1-11.

BOHREN C F, BATTAN L J, 1980. Radar backscattering by inhomogeneous precipitation particles [J]. J Atmos Sci, 37: 1821-1827.

CARRAS J N, MACKLIN W C, 1975. Air bubbles in accreted ice[J]. Quarterly Roy Meteor Soc, 101: 127-146.

CHÝLEK, et al, 1984. Distribution of water in hailstones[J]. Climate Appl Meteor, 23: 1469-1472.

GILLETTE D A, 1974. On the production of soil wind erosion aerosols having the potential for long range transport[J]. Rech Atmos, 8: 735-744.

GITLIN S N, 1977. Microprobe analysis of project DUSTORM hailstone samples[J]. Appl Meteor,

17:64-72.

KIDDER R E, CARTE A E, 1964. Structures of artificial hailstones[J]. J Rech Atmos, 1:169-181.

KNIGHT C A, KNIGHT N C, 1968. The final freezing of spongy ice: Hailstone collection technique. and interpretations of structures[J]. Appl Meteor, 7:875-881.

KNIGHT C A, KNIGHT N C, 1973. Quenched spongy hail[J]. J Atmos Sci, 30:1665-1671.

KNIGHT C A, KNIGHT N C, KIME K A, 1981. Deuterium contents of storm inflow and hailstone. growth layers[J]. J Atmos Sci, 38:2485-2499.

LIST R, 1958. Kennzeichen atmospharischer Eispartikeln 2. Teil Hagelkorner[J]. Z. Agnew Math Phys, 9A:217-234.

LIST R, 1961. On the growth of hailstones[J]. Nubila, 4:29-38.

LIST R, 1977. Response to "The characteristics of natural hailstones and their interpretation": l. aboratory hail research-a critical assessment[J]. Hail: A Review of Hail Science and Hail Suppression, 38:89-91.

LUDLAM F H, 1950. The composition of coagulation elements in cumulonimbus[J]. Quarterly Roy. Meteor Soc, 76:52-56.

MACKLIN W C, 1962. The density and structure of ice formed by accretion[J]. Quarterly Roy Meteor. Soc, 88:30-50.

MACKLIN W C, 1977. The characteristics of natural hailstones and their interpretation[J]. Hail: A. Review of Hail Science and Hail Suppression, 38:65-87.

MOSSOP S C, KIDDER R E, 1961. Hailstorm at Johannesburg on 9 November 1959 Part II-Structure of hailstones[J]. Nubila, 4:74-86.

PFLAUM J C, 1980. Hail formation via microphysical recycling[J]. J Atmos Sci, 37:160-173.

PFLAUM J C, 1984. New clues for decoding hailstone structure[J]. Bulletin American Meteorological Society, 65(6):583-593.

ROOS, et al, 1977. Deuterium in hailstones collected on 29 November 1972[J]. Quarterly Roy Meteor. Soc, 103:751-767.

STROUD D, PAN F D, 1978. Self-consistent approach to electromagnetic wave propagation in. composite media: Application to model granular metals[J]. Phys Rev B, 17:1602-1610.

第 4 章　冰雹的双线偏振雷达观测研究

目前已有许多观测、预报冰雹生长过程的手段，如地基、空基以及天基等的观测方法，其中地基中的雷达观测尤为重要。虽然常规多普勒天气雷达对冰雹生长过程中雹云的宏观热动力结构已有了较为清晰的认识，但是要进一步厘清雹云内部的微物理环境仅靠此类天气雷达是无法完成的。有鉴于此，20 世纪 70 年代 Seliga 和 Bringi(1976)研发了双线偏振雷达，使得观测雹云内部的微物理活动变为可能。由于不同于常规单偏振雷达，双线偏振雷达可以同时发射两个方向的电磁波。因此，其除了能够得到基本反射率 Z_H、径向速度 v 以及速度谱宽 w 等常规雷达观测资料外，还可以获得偏振参量信息，包括：差分反射率 Z_{DR}、零滞后相关系数 ρ_{HV}、差分传播相移 Φ_{DP}、特征差分传播相移 K_{DP}等。结合上述偏振信息，可以获得更多雹云内部水成物粒子的信息，对厘清冰雹生长过程的微物理特征有重要的作用(Krehbiel et al., 1996)。K_{DP}可较好地指示雹云中的含水量，降雹前或降雹期间 K_{DP}大于 6 °·km^{-1}则表明，雨及液水包裹的冰雹会同时出现(Kalina et al., 2016)。0 ℃层高度以上的正差分反射率 Z_{DR}可指示由上升气流托举的冻结之前的过冷大液滴，"Z_{DR}柱"可指示上升气流的强度，其可能于降雹之前出现。在最大冰雹累积率出现之前的 4～9 min，闪电频数、闪电密度、垂直积分冰含量及 0 ℃层以上"Z_{DR}柱"均达到峰值。

4.1　双线偏振雷达资料质量控制

为了提高水成物粒子识别的准确性，在使用双偏振雷达资料前需要对其进行预处理，以解决在偏振波传输过程中遇到的差分传播相移折叠、回波强度衰减等问题。

特别是对于 X 波段雷达而言，由于其波长相较 S 波段更短，发射的偏振波经过降水区后受到的衰减作用更强，因此对 Z_H 进行衰减订正变得尤其重要。目前常见的 Z_H 衰减订正方法有 Z_H-K_{DP}订正法(Bringi et al., 1990)与自适应约束算法(Bringi et al., 2001)两种，在两种方法中 Φ_{DP}都是重要的订正参量，因此，在进行 Z_H 的衰减订正前需要得到更为精准的 Φ_{DP}数据。综上所述，在进行水成物粒子识别之前，需要对雷达资料进行 Φ_{DP}与 Z_H 进行质量控制，其具体流程如图 4.1 所示。

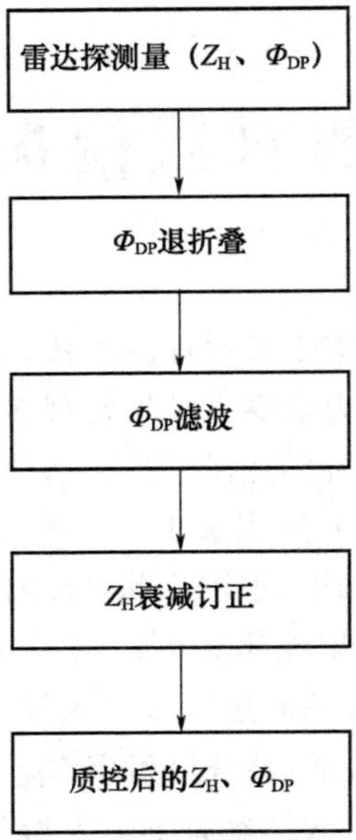

图 4.1 雷达资料质量控制流程

4.1.1 差分传播相移 Φ_{DP}退折叠

通常情况下 Φ_{DP}的取值范围为 0°～360°，当 Φ_{DP}的实测值大于 360°时，会出现 Φ_{DP}的折叠，即显示的探测值会减去 360°后再从 0°递增，从而影响数据的准确性，为了确保水成物粒子识别的准确性，需要对发生折叠现象的 Φ_{DP}进行退折叠处理（即将折叠后的 Φ_{DP}加上 180°）。采用径向连续性检查法（Hubbert et al.，1995）去 Φ_{DP}进行退折叠处理，该方法主要分为寻找存在折叠现象的 Φ_{DP}和 Φ_{DP}订正两步。

4.1.2 差分传播相移 Φ_{DP}滤波

在对 Φ_{DP}进行退折叠处理后，还需要对其进行滤波。Φ_{DP}由前向传播相位差与后向散射相移 δ 构成。对于波长较短的 X 波段双偏振雷达，降水区域内的大雨滴与冰雹会导致显著的 δ 效应。为了提高后续衰减订正及水成物粒子识别的精确性，对 Φ_{DP}进行滤波是非常有必要的。目前常用的雷达滤波方法有中值滤波和综合小波去噪两种，以下将对两种滤波方法进行说明并对滤波效果进行比较。

（1）中值滤波

中值滤波是一种常见的非线性平滑滤波方法，其工作原理为：首先确定数字序列，找到需要进行滤波的点，然后将该点作为新的原点，同时以左右相同数量的点作为邻域，将该点的值用邻域中各点的中值替代，随后移动邻域，对数字序列上的连续点都进行相同的处理。中值滤波可以有效地清除孤立的噪声点，但如果原始数字序列本身就存在较大的误差，经过中值滤波后的数字序列也会保留原始误差，从而降低滤波的有效性。

(2)综合小波去噪

综合小波去噪是近年来新提出的一种针对 Φ_{DP} 的滤波方法，其基本原理是：通过 Mallat 算法进行小波变换，将初始信号转化为含有重要信息的小波系数(包含初始信号的小波系数与噪声的小波系数)，选取一个合适的阈值，将大于阈值的小波系数判定为由信号生成，小于阈值的小波系数判定为由噪声生成。最后将噪声的小波系数置为 0，对剩余的小波系数进行小波逆变换，得到去噪后的信号。综合小波去噪则不仅可以保留原始 Φ_{DP} 的平均趋势，还尽可能地保留了 Φ_{DP} 的细节特征(赵川鸿 等，2019)。

(3)不同滤波方法效果对比

选取 2018 年 6 月 27 日 20:14 水平仰角 0.5°、径向 337°、400～600 距离库[①]的 Φ_{DP} 资料，分别采用中值滤波与综合小波去噪方法对 Φ_{DP} 进行滤波处理，滤波效果如图 4.2 所示。不难看出，中值滤波与综合小波去噪均能较好地保留 Φ_{DP} 的原始特征，但相较于综合小波去噪，中值滤波不能够较好地保留 Φ_{DP} 的细节特征(多个波峰、波谷未体现)。本节选择综合小波去噪对 Φ_{DP} 资料进行滤波处理。

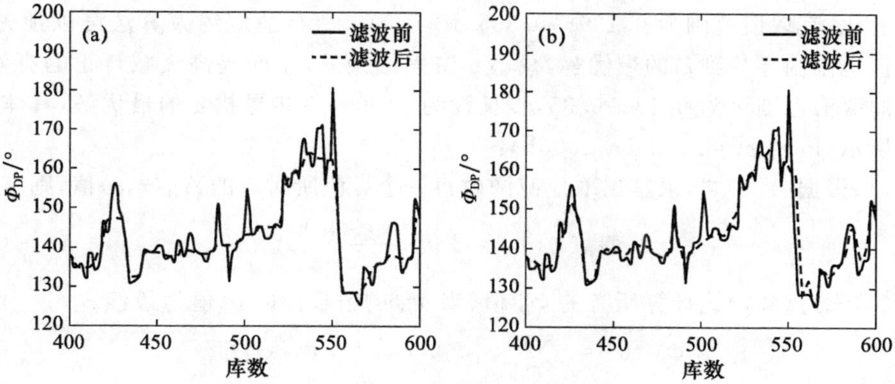

图 4.2　双偏振雷达滤波效果图
(a)中值滤波；(b)综合小波去噪

① 距离库：雷达回波信号处理中沿射线方向按距离分成的小的距离单元。

4.1.3 水平反射率因子 Z_H 衰减订正

根据以往的研究结果，Z_H 衰减订正的核心就是准确计算雨区衰减率 A_H（单位：$dB\cdot km^{-1}$）。因此，这里主要介绍采用自适应约束算法对 Z_H 进行衰减订正的方法，相较于 Z_H-K_{DP}订正法，自适应约束算法能够利用雷达参数本身，得到 Z_H-K_{DP}中的最佳系数（Testud et al.，2000）。其具体算法流程如下。假设一个降水区域的范围为 r_1 至 r_2（$r_1<r<r_2$），根据衰减积分一定与该径向降水区域 Φ_{DP}的变化总量一致的限定条件，可以得到衰减率 A_H 的计算公式：

$$A_H(r)=\frac{[Z_h(r)]^b\times[10^{0.1\times b\times\alpha\times\Delta\Phi_{DP}-1}]}{I(r_1,r_2)+[10^{0.1\times b\times\alpha\times\Delta\Phi_{DP}-1}]\times I(r,r_2)} \tag{4.1}$$

其中，

$$I(r_1,r_2)=0.46b\int_{r_0}^{r_1}[Z'_h(s)]\mathrm{d}s \tag{4.2}$$

$$I(r,r_2)=0.46b\int_{r}^{r_1}[Z'_h(s)]\mathrm{d}s \tag{4.3}$$

$\Delta\Phi_{DP}$（$\Delta\Phi_{DP}=\Phi_{DP}(r_1)-\Phi_{DP}(r_0)$）为雷达径向上该降水区域的 Φ_{DP}变化总量；$Z_h(r)$为未订正的 Z_H。指数 α 与指数 b 的计算公式为：

$$A_H(r)=a[Z_h(r)]^b \tag{4.4}$$

$$A_H(r)=\alpha[K_{DP}(r)]^c \tag{4.5}$$

参考已有研究成果，将 b 的值设为 0.8。指数 α 的范围则随水成物粒子状态变化而变化，其取值范围为 0.139～0.335 $dB\cdot(°)^{-1}$。自适应约束算法可以预先在 α 的取值范围内寻找到 α 的最优解，减小 α 带来的误差，从而提高衰减订正的有效性。将 α 的取值范围设为 0.13～0.35，步长设为 0.005，逐步寻找 α 的最优解，具体步骤如下所示（Park et al.，2005a，2005b）：

（1）根据（4.5）式，求解出取值范围内每一个 α 值所对应的 $A_H(r,\alpha)$值，则有：

$$\Phi_{DP}^{cal}(r_i,\alpha)=2\int_{r_1}^{r_i}\frac{A_H(s,\alpha)}{\alpha}\mathrm{d}s \tag{4.6}$$

（2）通过（4.7）式计算所有的 Φ_{DP}^{err}值，当 Φ_{DP}^{err}的值最小时，α 值为最佳。

$$\Phi_{DP}^{err}(\alpha)=\sum_{i=1}^{N}\left|\Phi_{DP}^{cal}(r_i,\alpha)-\Phi_{DP}(r_i)\right| \tag{4.7}$$

（3）将由（4.7）式得到的最佳 α 值代入（4.6）式计算 A_H，再将 A_H 代入（4.1）式，即得到经过衰减订正后的 Z_H。

由于 C 波段雷达受到的衰减作用较小，可以使用 C 波段多普勒雷达验证 X 波段双线偏振雷达 Z_H 的订正效果。选取 2018 年 5 月 8 日云南省昭通市 C 波段多普勒雷达与 X 波段双线偏振雷达的组合反射率进行效果验证，验证效果如图 4.3 所示（由于两部雷达所处地理位置及体扫时刻不完全相同，即使相同对流单体雷达波形也会存在细微差异)。不难发现,经过衰减订正后的 X 波段双线偏振雷达组合反射率相较订正前组合反射率>40 dBZ 的区域面积显著增大,组合反射率>45 dBZ 的区域面积也与 C 波段多普勒雷达较接近,说明针对 X 波段双偏振雷达的衰减订正是有效的。

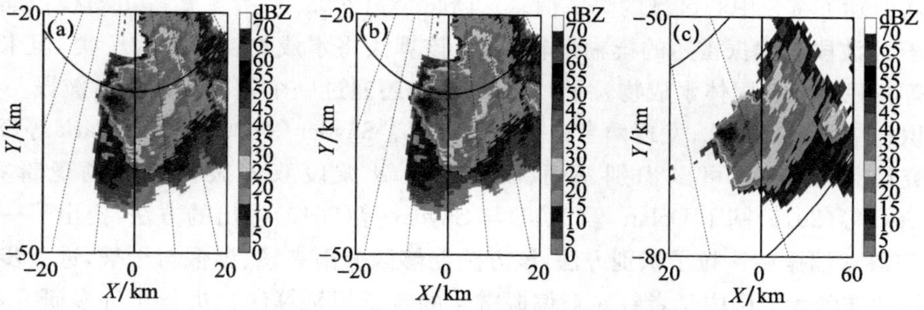

图 4.3　组合反射率衰减订正效果图

(a)X 波段双线偏振雷达订正前;(b)X 波段双线偏振雷达订正后;(c)C 波段多普勒雷达

4.2　双线偏振雷达的水成物粒子识别

由于双线偏振雷达提供的偏振参量对雹云内部水成物粒子的形状、大小、空间取向等较为敏感,因此,自偏振雷达诞生以来,研究人员一直都在尝试综合使用这些偏振参量对雹云内部的水成物粒子进行识别。目前常用的双线偏振雷达识别水成物粒子的方法有 3 种,即:决策树识别法(Seliga et al.,1976)、统计识别判决法和模糊逻辑算法(Zadeh,1968)。其中决策树识别法对偏振参量的精确度要求较高,统计识别判决法对偏振参量的精确度要求不高,但不同地区使用的雷达参数不尽相同,难以形成统一的标准。因此,具有扩充性与兼容性的模糊逻辑算法是双线偏振雷达粒子识别的较好选择。双线偏振雷达诞生后的几十年来,已有许多研究证明使用模糊逻辑算法进行粒子识别是可行的(Liu et al.,2000;Zrnić et al.,2001;Ryzhkov et al.,2005)。

Vikekanandan 等(1999)基于 S 波段双偏振雷达使用模糊逻辑算法对水成物粒子进行分类识别,使用双偏振雷达参量(Z_H、Z_{DR}、ρ_{HV}、K_{DP})建立了水成物粒子的识别算法。随后的一系列研究也验证了模糊逻辑算法在 S 波段双偏振雷达上的可行性。Straka 等(2000)改进了先前的算法,针对不同的水成物粒子对偏振参量分别设置相应的阈值,同时考虑了不同粒子对应的温度范围,提高了粒子识别的准确性。Park 等(2009)基于改造后的 WSR-88D 型 S 波段偏振雷达提出了新的基于模糊逻辑算法的水成物粒子识别方法,该方法在常规偏振参量外新加入了 Z_H 与 Φ_{DP} 的标准差作为纹理参数,提高了算法对液态水的识别能力。由于不同波段雷达受到降水区的衰减作用不同,针对S波段的模糊逻辑算法不能直接应用在波长较短的C波段与X波段双偏振雷达上。Kennan(2003)首次将模糊逻辑算法应用在C波段双偏振雷达上。后续Scaranari等(2006)通过模拟散射模式，得到了不同类型水成物粒子在C波段偏振雷达上的阈值，并成功识别了雹云中心区域的降雹信息。Dolan等(2008)利用T矩阵散射模拟建立了适用于X波段双偏振雷达的模糊逻辑算法，该算法将水成物粒子分为7类，但未包含冰雹等粒径较大的固体水成物粒子。此外，他们还通过一个相同个例将S波段与X波段的识别结果进行对比，发现两者识别结果相似。Snyder等(2010)参考Park等(2009)的研究结果，建立了可以识别暴雨、雨夹雹的X波段双偏振雷达模糊逻辑算法。Kouketsu等(2015)基于Dolan等(2008)与Snyder等(2010)提出的方法，提出了一种新的X波段双偏振雷达粒子识别方法，该方法能够区分雨夹雹、湿霰与干霰，进一步提升了识别的准确性。国内学者针对双偏振雷达的粒子识别算法也进行了许多研究，大量学者基于模糊逻辑算法对我国西南、华北、华南区域的雹云内部进行识别，其识别结果均有效(曹俊武 等，2005；何宇翔 等，2010；李晓敏 等，2017；黄海迅 等，2021)。

4.2.1　模糊逻辑算法

利用位于贵州省威宁地区雪山镇的X波段双线偏振天气雷达数据。雷达天线海拔高度为2472 m，扫描方式VCP11，最大探测范围150 km，采用双发双收模式，可探测的参量有：水平反射率(Z_H)、径向速度(V)、谱宽(W)、差分反射率(Z_{DR})、差分传播相移率(K_{DP})、差分传播相移(Φ_{DP})、零滞后相关系数(ρ_{HV})。该雷达的主要参数如表4.1所示。

表4.1　贵州威宁雪山镇X波段双线偏振雷达主要参数

名称	参数
工作频率/GHz	9.3～9.5
天线增益/dB	44
垂直(水平)波束宽度/°	0.97
各层反射率库长/m	75
单次体扫时间/min	6
立体扫描层数/层	14
最大仰角/°	19.5

采用模糊逻辑算法对雹云内部的水成物粒子进行识别，将水成物粒子的种类分为毛毛雨(DR)、雨(RA)、聚合物(AG)、高密度霰(HDG)、冰晶(CR)、低密度霰(LDG)、冰雹(RH)7种，将位于环境0 ℃层以上的雨(RA)称为过冷水(SWA)。将水平反射率Z_H、差分传播相移率K_{DP}、零滞后相关系数ρ_{HV}、差分反射率Z_{DR}与温度T(使用海平面高度代替)作为输入参数，采用不对称T型函数作为隶属成员函数对水成物粒子进行识别，不对称T型函数表达式如下所示：

$$T(X,X_1,X_2,X_3,X_4)=\begin{cases}0, & X<X_1\\ \dfrac{x-X_1}{X_2-X_1} & X_1\leqslant X<X_2\\ 1, & X_2\leqslant X<X_3\\ \dfrac{X_4-x}{X_4-X_3} & X_3\leqslant X<X_4\\ 0, & x\geqslant X_4\end{cases} \tag{4.8}$$

其中，X_1、X_2、X_3、X_4 为隶属成员函数的阈值，X 为输入的偏振参量值。各偏振参量的函数阈值如表 4.2 所示。此外，根据威宁 X 波段双偏振雷达不同偏振参量数据质量与偏振参量识别能力的不同，调整 Z_H、K_{DP}、ρ_{HV}、Z_{DR}、T 的权重系数，分别设为 0.3、0.15、0.15、0.2、0.2。

表 4.2　7 种水成物粒子的隶属函数阈值

		DR	RA	AG	CR	LDG	HDG	RH
Z_H	X_1/dBZ	0	22	0	0	12	33	43
	X_2/dBZ	0	22	0	0	12	33	43
	X_3/dBZ	31	59	33	19	42	53	53
	X_4/dBZ	31	59	33	19	42	53	53
Z_{DR}	X_1/dB	0.00	0.05	0.00	0.60	−0.70	−1.30	−1.00
	X_2/dB	0.00	0.07	0.00	0.60	−0.70	−1.10	−1.00
	X_3/dB	0.8	3.6	1.2	5.6	1.2	3.7	2.0
	X_4/dB	0.9	3.8	1.2	5.7	1.3	3.9	2.0
K_{DP}	X_1/(°·km^{-1})	0.010	0.005	0.000	0.000	−1.450	−2.500	−0.500
	X_2/(°·km^{-1})	0.010	0.005	0.000	0.000	−1.350	−2.300	−0.500
	X_3/(°·km^{-1})	0.040	10.000	0.295	0.260	2.800	7.600	0.850
	X_4/(°·km^{-1})	0.060	10.000	0.295	0.260	3.000	7.800	0.850
ρ_{HV}	X_1	0.9935	0.9830	0.9979	0.9635	0.9990	0.9900	0.6000
	X_2	0.9935	0.9810	0.9979	0.9635	0.9990	0.9920	0.7000
	X_3	1.00	1.00	1.00	0.99	1.00	1.00	0.95
	X_4	1.00	1.00	1.00	0.99	1.00	1.00	0.95

4.2.2　粒子识别效果验证

图 4.4 为 2018 年 6 月 27 日 20:27 水平与垂直剖面的粒子识别图。图 4.4(a)为仰角 1.45°的 PPI 粒子识别结果，不难发现在距离雷达 42～46 km、雷达径向 337°～342°范围内能够识别到冰雹。图 4.4(b)为沿雷达径向 337°的垂直剖面粒子识别结

果，在距雷达 45 km 左右的近地面识别到降雹。根据威宁地面降雹记录，当日 20:30 左右在威宁西北部的石门乡发生了一次降雹过程，降雹位置与图 4.4 识别为 RH 的区域位置无明显差别，说明该识别方法在云贵高原地区是有效的。

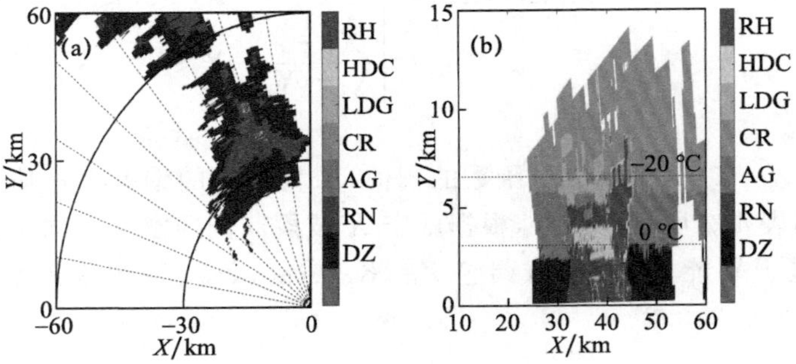

图 4.4　粒子识别效果验证

4.3　雹云的“Z_{DR}柱”

4.3.1　提取“Z_{DR}柱”参数

“Z_{DR}柱”由过冷水及湿霰构成，且与上升气流位置、强度密切相关，因此，分析“Z_{DR}柱”的特征及演变过程对研究雹暴内部的热动力、微物理过程间的相互作用有十分重要的意义。将“Z_{DR}柱”定义为环境 0 ℃层以上 $Z_{DR}\geq 1$ 的垂直延展区域，如图 4.5 所示。此外，为了研究的方便，将“Z_{DR}柱”深度进行量化，将“Z_{DR}柱”最大高度与环境 0 ℃层高度之间的高度差定义为“Z_{DR}柱”深度，具体计算公式如下：

$$H=r\times s\times \sin\alpha-H_0 \tag{4.9}$$

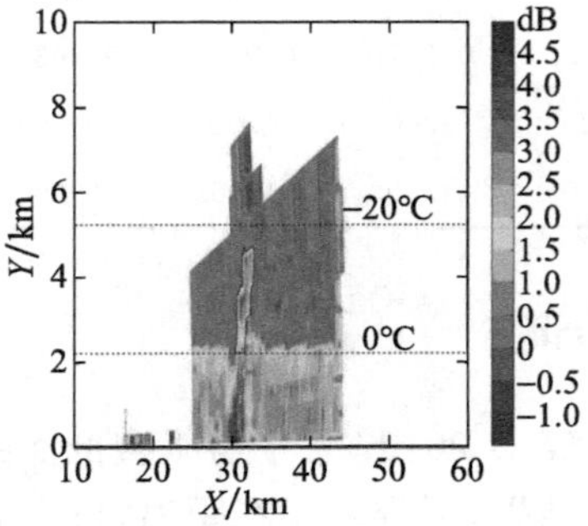

图 4.5　孤立单体成熟阶段“Z_{DR}柱”剖面

其中，H 为“Z_{DR}柱”深度(km)；r 为双偏振雷达的库长(km)；s 为“Z_{DR}柱”最大高度所在库数；α 为“Z_{DR}柱”最大高度所在库的仰角度数；H_0 为当天环境 0 ℃温度层所在高度(km)。

4.3.2　“Z_{DR}柱” 基本特征

“Z_{DR}柱”特征参数可以表征对流雹暴系统内上升气流强度，其内部也包含大量的雹胚前提物(即：霰粒子与过冷水)，对“Z_{DR}柱”的研究可以进一步了解冰雹的形成过程。针对贵州威宁地区 2018—2019 年的雹暴过程进行具体分析，发现在雹暴过程中雹云“Z_{DR}柱”均出现在系统发展阶段末期与成熟阶段初期，说明“Z_{DR}柱”的出现标志着雹暴将进入成熟阶段。图 4.6 为对流风暴不同阶段“Z_{DR}柱”持续时间与最大深度的箱线图，“Z_{DR}柱”在发展阶段的持续时间较短，大多数维持在一个体扫时间左右，最大深度中位数为 1.24 km，通常低于环境 −10 ℃层，成熟阶段持续时间差异较大，最长可达到 26 min，中位数为 12 min，最大深度较初始阶段存在跃增现象，但不超过环境 −20 ℃层，最大深度中位数为 2.38 km，消散阶段，“Z_{DR}柱”崩塌，最大深度中位数降至 1 km 以下，维持一个体扫时间后彻底消散。“Z_{DR}柱”的崩塌(消散)的原因是成熟阶段雹云内部对流活动加强，柱内微物理反应加剧，构成柱体的过冷水与湿霰被大量消耗生成 $Z_{DR}<1$ 的雹胚和冰雹。

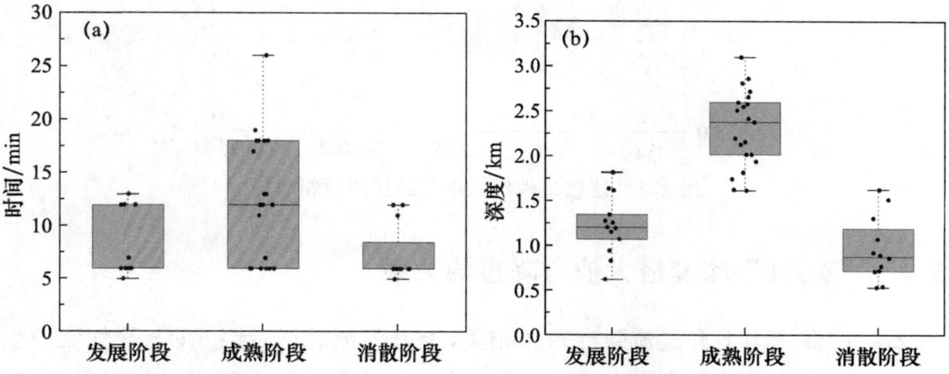

图 4.6　“Z_{DR}柱”不同阶段持续时间
(a)与最大深度；(b)箱线图

4.3.3　“Z_{DR}柱” 极值与降雹的关系

目前已有研究证明“Z_{DR}柱”与上升气流之间有着紧密的联系，其相关参数的变化特征可以表征上升气流强度的变化，特征极值出现时间相较地面降雹报告时间有不同的提前量。对威宁地区 2018—2019 年雹暴过程的“Z_{DR}柱”特征参数极值提前量进行统计分析，并与回波顶高提前量作对比，结果如图 4.7 所示。“Z_{DR}柱”深度与面积峰值通常出现在降雹前的 12 min 左右，最大可达到 20 min。“Z_{DR}柱”宽度的极值提前量略小，平均值约为 8 min。30 dBZ 回波顶高的极值提前量与“Z_{DR}柱”面积提前量相接近，最大提前量略小，为 17 min；50 dBZ 回波顶高的极值提前量最小，仅有 6 min。两者在提前概率上相差较大，“Z_{DR}柱”面积极值先于地面降雹时间出现的概率为 82%，深度、宽度的提前概率为 77%，50 dBZ 回波顶高的提前率为 45%，30 dBZ 回波顶高的提前率为 55%，即“Z_{DR}柱”特征参数极值的出现时刻早于回波顶高极值的出现时刻，其原因是“Z_{DR}柱”深度的最大值表征着雹云内部上升气流达到最强，内部微物理活动加剧，而回波顶高的升高则表示雹云内部已有一定数量的大滴或固态水成物粒子，是上升气流增强所造成的结果。综上所述，“Z_{DR}柱”特征参数极值可以为业务上预报地面降雹时间提供参考。

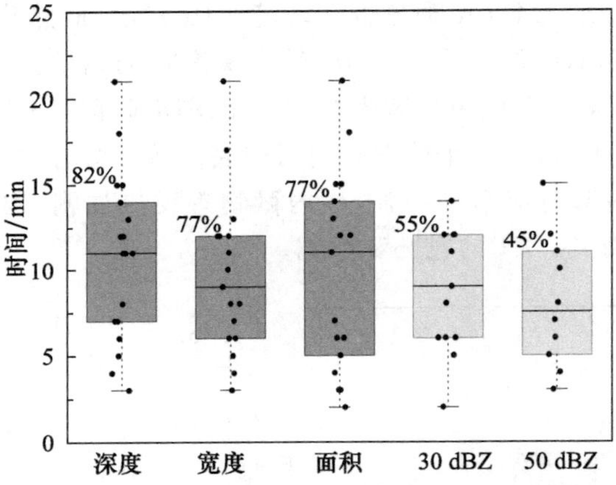

图 4.7　冰雹事件特征峰值的提前量箱线图

4.3.4　“Z_{DR}柱”深度最大值与降雹的关系

“Z_{DR}柱”深度与上升气流强度密切相关，上升气流越强，冰雹在上升气流中生长的时间越长，造成的冰雹灾害也越强。在已知“Z_{DR}柱”能够为降雹时间提供参考后，是否能够用“Z_{DR}柱”特征参量为冰雹灾害严重程度提供预警呢？为了验证这一猜想，对 2018—2019 年雹暴过程的“Z_{DR}柱”最大深度与降雹持续时间、降雹密度进行拟合分析，结果如图 4.8 所示，所有降雹过程的“Z_{DR}柱”最大深度均超过了 1.6 km，其最大高度也都超过了环境−10 ℃温度层，与我国华南地区的“Z_{DR}柱”观测结果相一致。“Z_{DR}柱”最大深度与降雹持续时间(min)及降雹密度(粒·m^{-2})之间存在线性关系，与降雹密度的相关性更好，相关系数 R 为 0.630，与降雹持续时间的相关性稍差一些，相关系数 R 为 0.545，说明“Z_{DR}柱”深度对降雹密度更为敏感。综上所述，“Z_{DR}柱”最大深度的大小可以为业务上冰雹强弱的预报提供参考。

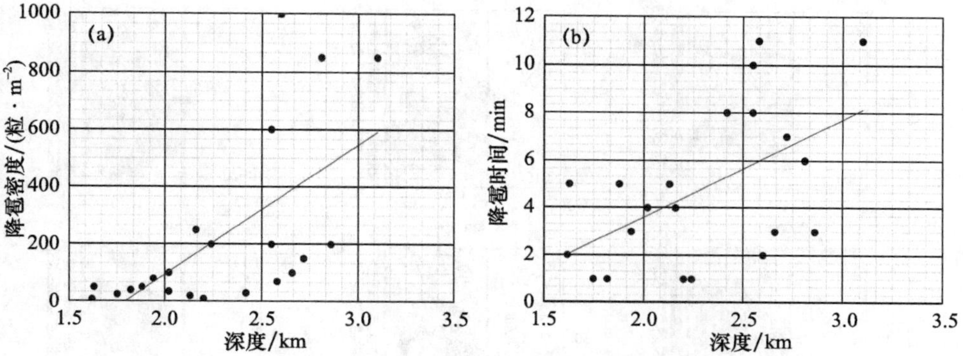

图 4.8　“Z_{DR}柱”最大深度与降雹时间

(a)与降雹密度;(b)散点分布图

4.4　单体雹暴“Z_{DR}柱”演变特征

针对 2018 年 5 月 8 日发生于贵州威宁西南部一次具有完整“Z_{DR}柱”演变过程的单体雹暴过程进行分析。该过程降雹持续时间为 10 min,密度为 600 粒·m^{-2},给当地人民的生活和财产造成了极大的损害。

4.4.1　单体雹暴的基本演变特征

2018 年 5 月 8 日降雹单体于 16:43 在威宁西部生成,向东发展移动,为单体雹暴。如图 4.9 所示,17:46 降雹单体位于雷达径向 180°～200°,距离雷达 30～33 km 的范围内,单体内首次出现回波强度大于 45 dBZ 的区域。随后单体进一步东移发展,回波影响范围显著扩大。17:57～18:09 降雹单体移动至雷达径向 180°～190°,距离雷达 33～35 km 处,在原地持续发展,单体内大于 45 dBZ 的强回波范围显著增加,最大回波强度超过 50 dBZ,此时段内麻乍镇发生降雹。18:15 降雹单体回波强度减弱,单体内大于 50 dBZ 的强回波范围减小。后续单体再度发展,单体内重新出现回波强度大于 50 dBZ 的区域,18:32 再次发生大范围的降雹。降雹后单体开始分裂,强回波中心面积减小。

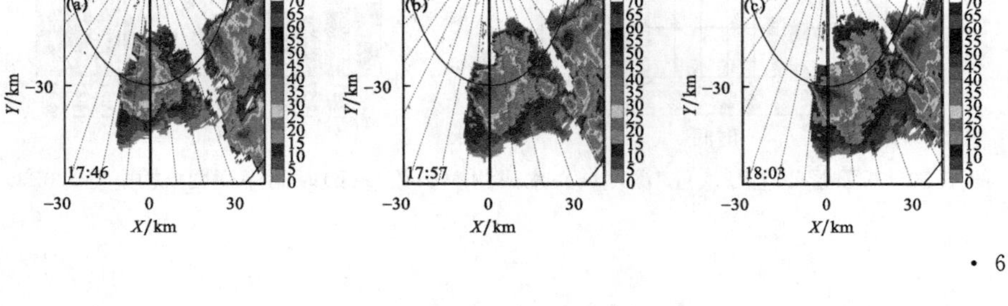

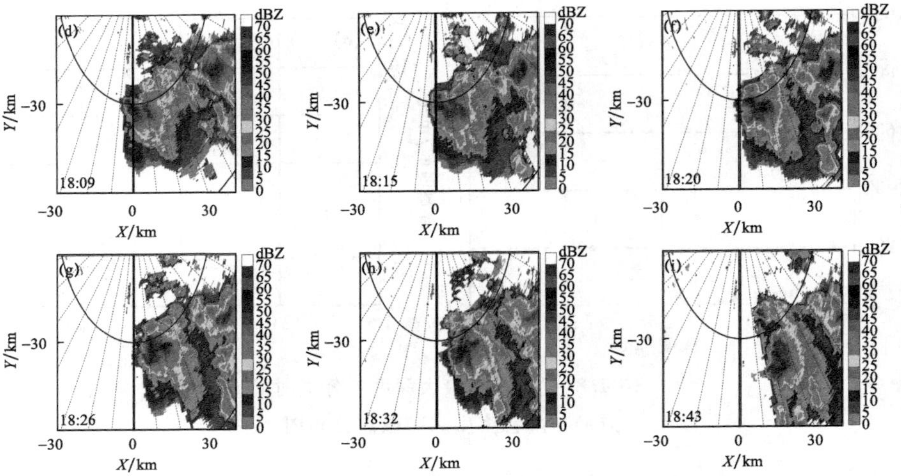

图 4.9　2018 年 5 月 8 日 17:46—18:43 降雹单体组合反射率演变特征(沈雨 等,2023)

4.4.2　“Z_{DR}柱”深度演变特征

图 4.10 为本次过程“Z_{DR}柱”深度及 0 ℃层以上水成物粒子时间序列图，导致两次冰雹过程的“Z_{DR}柱”发展阶段的最大深度分别为 1.8 km 与 1.7 km，成熟阶段的最大深度分别为 2.4 km 与 2.2 km。在两次降雹过程中，降雹时刻均在“Z_{DR}柱”深度极值时刻附近，降雹开始后“Z_{DR}柱”开始坍塌，深度迅速下降至发展阶段的水平，随后再次发展至极值点附近，发生第二次降雹。对比两次降雹过程，可知在“Z_{DR}柱”深度达到极值之前，过冷水与 HDG 数量与“Z_{DR}柱”深度演变近乎一致(17:57 混合区总体面积减小，导致过冷水、HDG 数量减少)，说明“Z_{DR}柱”的形成和发展对高层过冷水以及霰粒子等雹胚前提物的形成十分重要。当深度达到最大时，系统内上升气流

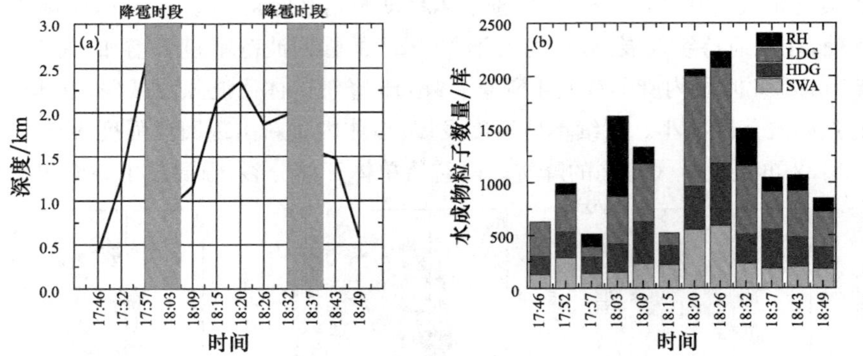

图 4.10　0 ℃层以上“Z_{DR}柱”深度(a);水成物粒子数量(b)时间序列图(沈雨 等,2023)

旺盛，微物理活动频繁。上升气流中的 SWA 与 HDG 参与微物理反应被消耗形成雹胚等，雹胚再结合环境中的 SWA 最终形成 RH，导致后 SWA 与 HDG 数量的减少，RH 数量的增加。当 RH 质量增大到一定程度时，降雹开始，产生的下沉气流削弱上升气流，“Z_{DR}柱”崩塌。

4.4.3　“Z_{DR}柱”与单体雹暴宏微观物理特征

(1)发展阶段

如图 4.11(a)所示，17:46 降雹单体回波顶高达到 7 km，回波强度大于 45 dBZ 的区域主要出现在 1.5 km 左右，部分延伸至环境 0 ℃层之上。“Z_{DR}柱”首次突破 0 ℃层，深度、宽度以及面积均较小，表明此时上升气流强度不强烈。微弱的上升气流仅能将少量的 RN 粒子输送至 0 ℃层以上。液滴在被输送至低于冰点的环境时，不会立即冻结，而是形成 SWA。SWA 在上升过程中与 AG 发生贝吉龙效应，形成 HDG。HDG 在“Z_{DR}柱”内占比最大，数量为 32 库。

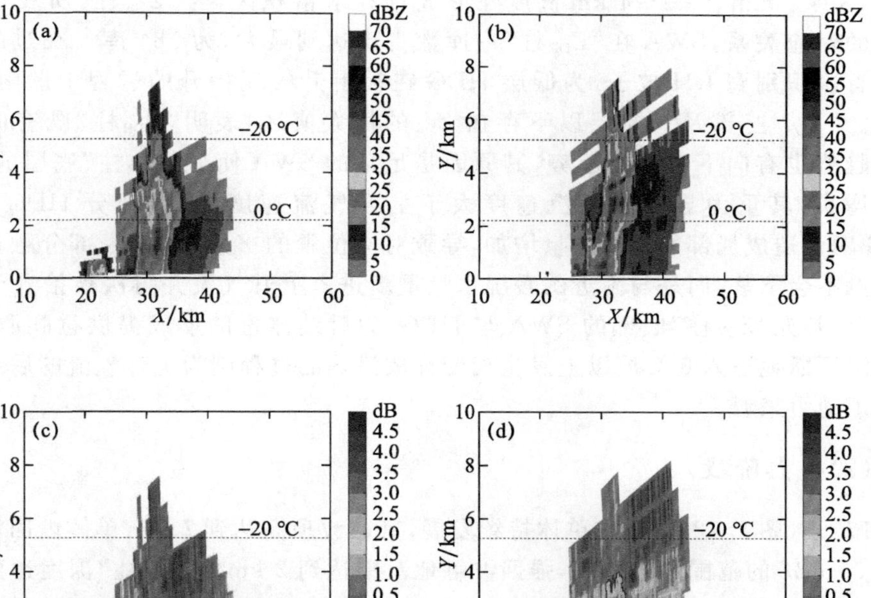

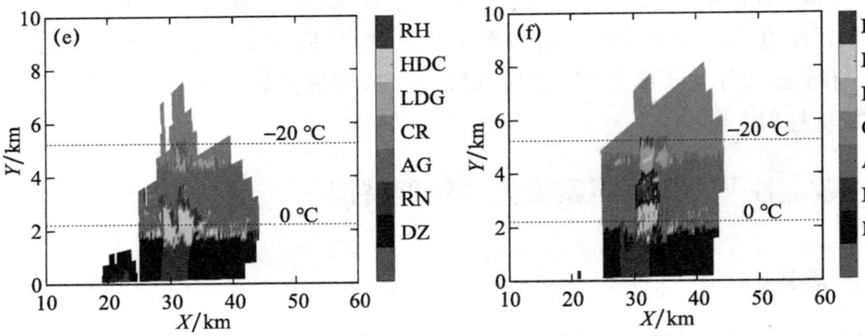

图 4.11 2018 年 5 月 8 日 17:46(a、c、e)、17:52(b、d、f)Z_H、Z_{DR}、粒子识别剖面图(闭合实线内为“Z_{DR}柱”(沈雨 等,2023))

17:52(图 4.11b),沿雷达 191°径向,单体进一步发展,回波强度大于 45 dBZ 的范围增加。“Z_{DR}柱”各项参数较上一时刻均有明显的提升,其增幅分别为 200%(深度)与 667%(面积),为整个过程的最大增幅,表明该阶段的上升气流进一步发展增强。0 ℃层以上 SWA 与 HDG 数量也有较小程度的跃增,变化率分别为 26.7 库 · min^{-1} 与 11.8 库 · min^{-1}。3～4 km 高度处形成过冷水蓄积区,与“Z_{DR}柱”所在位置有很好的对应关系,SWA 在“Z_{DR}柱”内库数占比达到最大,为 181 库。在过冷水蓄积区首次识别到 RH 粒子,为低层 HDG 在被上升气流抬升的过程中淞附 SWA 形成。“Z_{DR}柱”部及 0 ℃层以下存在 Z_{DR}的极大值区,表明“Z_{DR}柱”既有向上发展的趋势也有向下发展的趋势,其原因是足量的 SWA 使得“Z_{DR}柱”底层的 HDG 过度增长,其重力导致的下沉速度大于上升气流速度,造成部分 HDG 下落,HDG 融化造成局部的水汽含量增加,导致对应位置的 Z_{DR}值增大。部分融化产生的水汽不会下落,而是与附近的暖湿水汽重新进入上升气流并再次被抬升至 0 ℃层以上,补充“Z_{DR}柱”底部的 SWA 与 HDG,为后续冰雹的形成提供雹胚源,而水汽源源不断地进入 0 ℃层以上发生相变释放潜热的过程则为上升气流的后续发展提供了动力来源。

(2)成熟阶段

17:57(图 4.12a),降雹单体持续发展,其回波顶高达到 7 km,单体内回波强度大于 55 dBZ 的范围显著增大,强回波触地范围达到 2 km。“Z_{DR}柱”深度达到最大(2.4 km)、在−20 ℃层以上识别到 SWA 与 0 ℃层以下的 HDG 被整层抬升至 0 ℃层以上等特征说明此时为上升气流最为旺盛的时刻。过冷水蓄积区位置与“Z_{DR}柱”一同上升,顶端接近−20 ℃层,面积也进一步增加。在“Z_{DR}柱”底部、中部与顶端三处位置识别到 RH,考虑到“Z_{DR}柱”底部接近 0 ℃层不可能形成 RH,所以柱底的 RH 与中部的 RH 为同一个来源,由过冷水蓄积区内的 HDG 在下落过程中淞附周围的

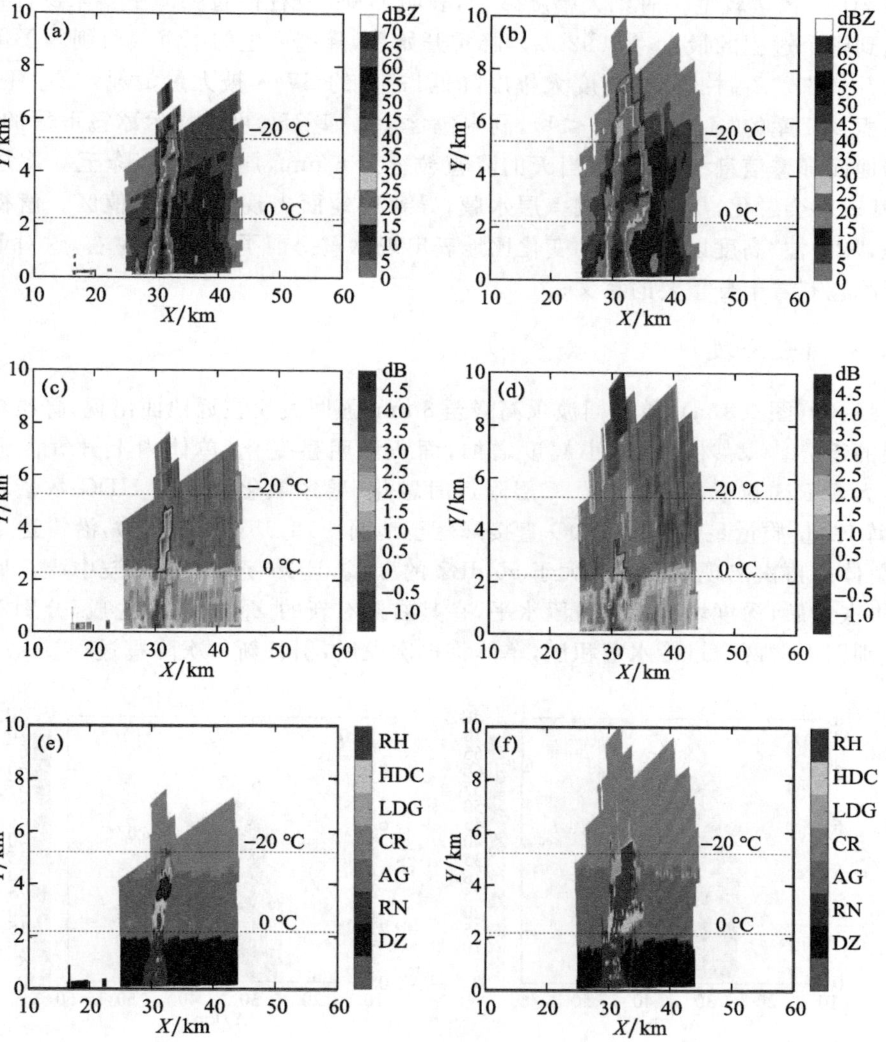

图 4.12　2018 年 5 月 8 日 17:57(a、c、e)、18:03(b、d、f)Z_H、Z_{DR}、粒子识别剖面(闭合实线内为“Z_{DR}柱”(沈雨 等,2023))

SWA 形成。少量过冷水被抬升至距“Z_{DR}柱”顶部之上 1 km 左右的位置,随后被形成低密度霰粒子(LDG),质量足够大的 LDG 在上升气流中缓慢下落,在经过过冷水蓄积区时吸收周围的 SWA,最终在“Z_{DR}柱”顶端形成少量 RH,数量为 85 库。18:03(图 4.12b),沿雷达 181°径向,降雹单体回波顶高达到 10 km,强回波范围进一步增大,近地面存在大范围的强回波区域,表明此时已有冰雹降落至近地面。从粒子识别图上不难看出,RH 数量在其主要生成位置(“Z_{DR}柱”中部及顶部)极大幅度增加,柱内 HDG 数量较上一时刻大幅度减少，表明 HDG 是柱内雹胚的主要来源。RH 数量达到整个过程的最大，为 592 库。降雹开始后，降雹产生的下沉气流削弱了单体内的上升气流，“Z_{DR}柱”所处高度大幅度降低，柱内的 SWA 被大量消耗，“Z_{DR}柱”转化为面积 210 库的“Z_{DR}洞”($Z_{DR}<1$)，洞内包含 182 库 RH，可以指示冰雹下落的位置。根据地面降雹信息统计，威宁当天的降雹粒径为 6 mm，属于小雹，降至 0 ℃层以下时，其表层会融化，周围将形成一层水膜，导致近地面出现 Z_{DR} 的大值区。值得注意的是，“Z_{DR}柱”高度以及面积的变化比地表出现冰雹提前了 12 min 左右，这对业务上预报冰雹有着十分重要的意义。

(3)消散阶段

18:09(图 4.13a)，单体回波顶高降至 8 km，强回波仅在近地面出现，降雹单体有分裂的趋势。“Z_{DR}柱”深度小幅度增加，面积无明显变化，单体内上升气流强度较弱。大量 RH 粒子在降落至 0 ℃层附近时融化，导致融化层附近 HDG 数量增加了 127 库，少量质量足够大的 HDG 直接降落至地面。18:15(图 4.13b)，沿雷达 177°径向，单体内再次出现回波强度大于 50 dBZ 的区域，且具有两个强回波中心。原“Z_{DR}柱”再次发展，深度增至成熟阶段水平，在其右侧有新的 Z_{DR} 大值区生成，分别对应粒子识别图上的两个过冷水蓄积区，单体将再次发展，引发新一次降雹过程。

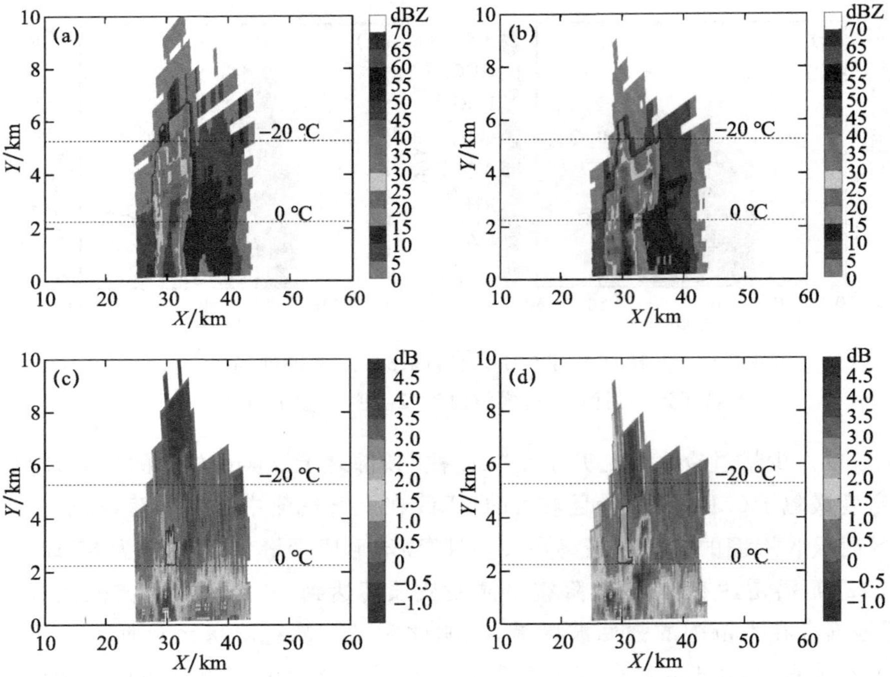

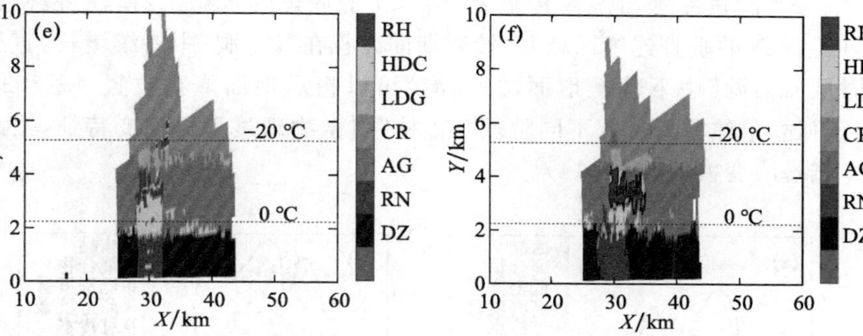

图 4.13　2018 年 5 月 8 日 18:09(a、c、e)、18:15(b、d、f)Z_H、Z_{DR}、粒子识别剖面图(闭合实线内为“Z_{DR}柱”)(沈雨 等,2023)

4.4.4　单体热动力与微物理过程相互作用特征

降雹前“Z_{DR}柱”深度随着降雹单体的发展逐渐增大,上升气流持续发展增强,地面附近的暖性水成物逐渐被抬升至 0 ℃层以上。“Z_{DR}柱”内的部分暖性水成物形成冻滴,直接释放潜热,其余部分则保持液态,形成过冷水,通过贝吉龙过程生成 AG 间接释放潜热。在低层过冷水充足的情况下,AG 将吸收过冷水形成 HDG,导致“Z_{DR}柱”内 HDG 数量的增加。同时,潜热的释放促进了单体的不稳定性,加强了上升气流。HDG 在被上升气流抬升过程中进一步凇附 SWA 生长,部分下落至 0 ℃层以下,其融化产生的部分水汽重新进入上升气流中,补充低层的 HDG 与 SWA,并再次释放能量。新生成的微粒中质量足够大的继续下落分解,形成循环。这种微粒循环机制为上升气流的进一步增强提供了能量,过冷水蓄积区与“Z_{DR}柱”高度被再次抬升。成熟阶段,“Z_{DR}柱”内与顶端均有 RH 生成,当 RH 生长到足够大时,降雹发生,大量的固体降水物下落,产生的下沉气流削弱上升气流。同时,下落过程中降水粒子还会吸收环境中的潜热,降低了单体持续发展的能量。单体内热动力过程为水成物粒子进行凇附、碰并过程等提供能量及环境支持,在微物理过程中又通过释放、吸收潜热等方式影响热动力过程,这种相互作用、相互促进的机制是雹暴发生、发展的基础。消散阶段,降雹产生的下沉气流削弱了上升气流,单体回波顶高降低,“Z_{DR}柱”崩塌。

4.4.5　单体“Z_{DR}柱”与“Z_{DR}洞”转变特征

当“Z_{DR}柱”深度达到最大时,孤立单体内上升气流最为旺盛,微物理活动最为频繁。“Z_{DR}柱”内的湿霰与过冷水被大量消耗,导致局部 Z_{DR}值的降低。当上升气流的供给暖性水成物粒子的速率小于柱内雹胚的消耗速率时,“Z_{DR}柱”内的主要水成物

粒子由 $Z_{DR}\geqslant 1$ 的过冷水与湿霰转变为 $Z_{DR}<1$ 的固体降水物，“Z_{DR}柱”慢慢转化为“Z_{DR}洞”（$Z_{DR}<1$ 的垂直连续区域）。转变期间冰雹在“Z_{DR}洞”中持续增长，直至质量足够大时从“Z_{DR}洞”中下落至地面，“Z_{DR}洞”可以指示地面降雹位置。基于以上分析，得出了孤立单体雹暴过程不同阶段“Z_{DR}柱”与微物理过程的演变特征，据此构建孤立单体雹暴演变模型（图 4.14）。

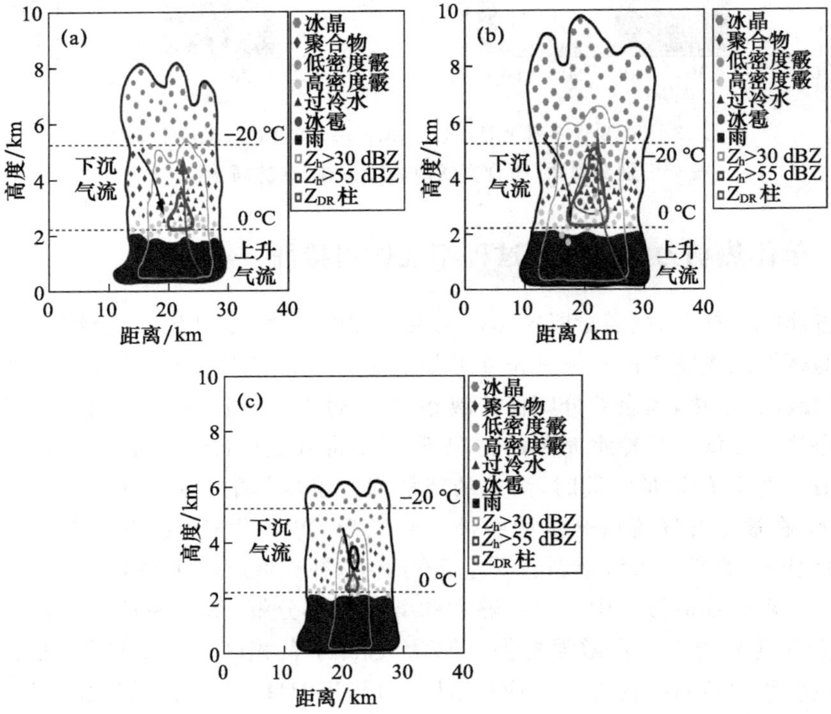

图 4.14　单体雹暴“Z_{DR}柱”概念演变模型（沈雨等，2023）

（a）发展阶段；（b）成熟阶段；（c）消散阶段

4.5　多单体雹暴“Z_{DR}柱”演变特征

针对贵州威宁地区 2018 年 6 月 27 日一次两个单体合并的多单体雹暴过程进行分析，其中强度较强的单体逐渐被另一个较弱的单体合并，较弱单体在合并过程中逐渐发展增强，从而引发地面降雹。根据地面降雹记录，该过程的降雹地点位于威宁西北部的石门乡，密度为 200 粒 $\cdot\ m^{-2}$。

4.5.1　多单体雹暴的基本演变特征

图 4.15 为 2018 年 6 月 27 日降雹过程组合反射率演变图，19:54 在雷达西北侧 30 km 左右存在 2 个刚生成的对流单体，由东至西分别标记为单体 a、单体 b。20:01—20:07，对流单体 a 的中心分裂减弱，其中一个分裂中心向对流单体 b 东南侧靠拢，最终在单体 b 处合并，形成一个强中心，单体 b 内 Z_H＞55 dBZ 的面积显著增大。20:14 单体 b 与单体 a 剩余的强中心再一次合并，反射率大值区范围显著增大（为了研究的方便，将合并后形成的单体称为单体 b）。合并后的单体进一步发展增强，20:21 再次与单体北部的小对流单体发生合并，回波范围进一步扩大，此时已有部分冰雹降落至地面。20:27 单体内强中心分裂，单体强度将逐渐减弱。20:34—20:48 单体强回波区域面积逐渐减小，逐渐移出降雹区域。为了研究的方便，将主要研究对象放在发生两次合并过程的单体 b 和单体 a，将整个降雹过程分为合并前（19:54—20:01）、合并时（20:07—20:14）与合并后（20:21—20:27）三个阶段进行研究。

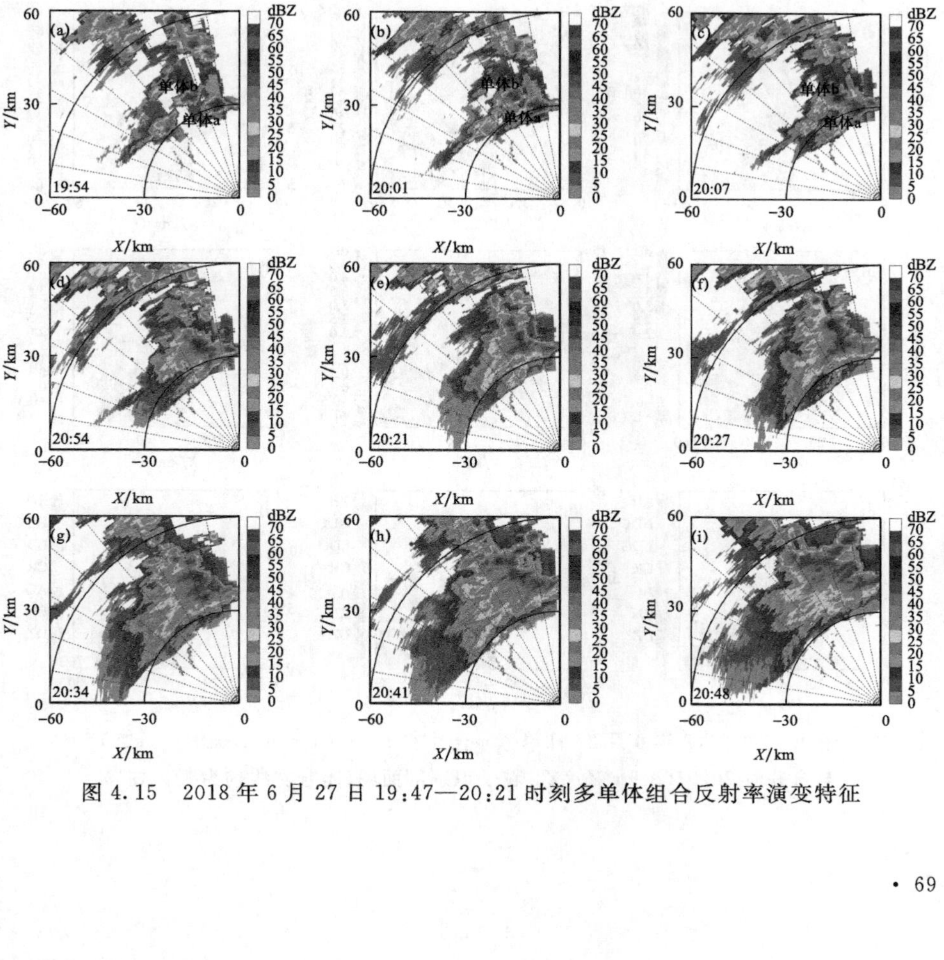

图 4.15　2018 年 6 月 27 日 19:47—20:21 时刻多单体组合反射率演变特征

4.5.2　“Z_{DR}柱”与多单体雹暴宏微观物理特征

(1)合并前

如图 4.16a 所示，19:54 沿雷达 349°径向，单体 a 有分裂的趋势，回波顶高为 10 km，0 ℃层至－20 ℃层之间存在 Z_H>50 dBZ 的区域，表明单体处于成熟阶段。“Z_{DR}柱”所处区域与粒子识别图上 SWA 蓄积区有很好的对照关系，深度为 1.12 km，表明单体内上升气流较弱。“Z_{DR}柱”上方质量足够大的 LDG 在较弱的上升气流中下落，淞附过冷水形成少量 RH。

20:01(图 4.16b)单体 a 分裂为两个单体，原单体内强回波区域面积显著减小，“Z_{DR}柱”高度将至 0 ℃层附近。中层的过冷水蓄积区消失，RH 在下落至 0 ℃层附近时融化形成 HDG，HDG 数量增加，增幅为 122%。单体 b(图 4.17b)回波高度达到 12 km，强回波区域面积无明显变化。

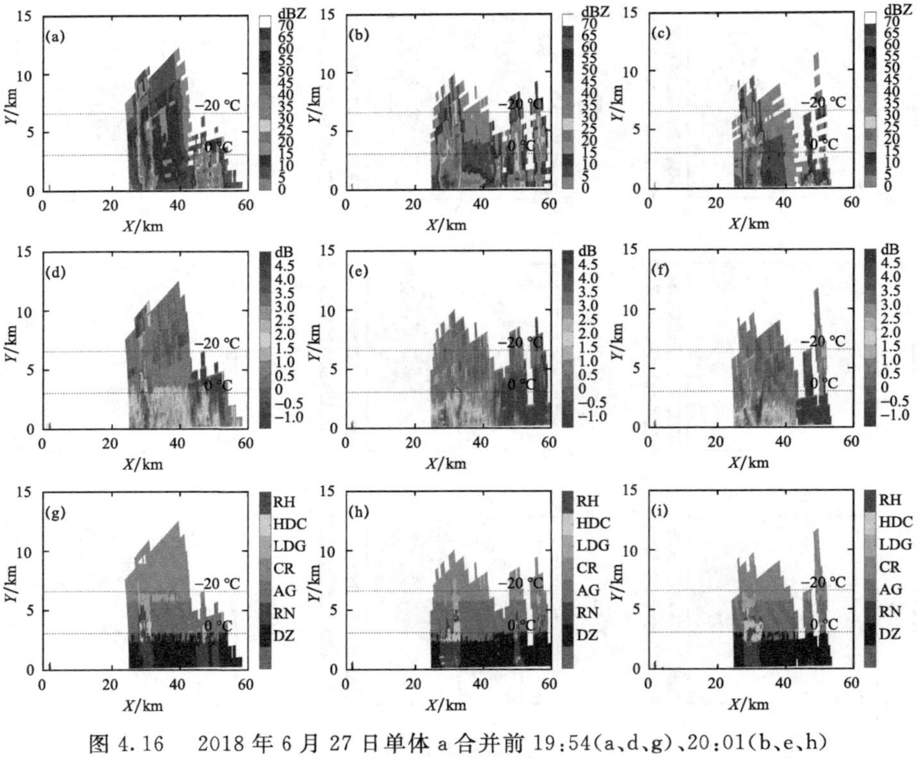

图 4.16　2018 年 6 月 27 日单体 a 合并前 19:54(a、d、g)、20:01(b、e、h)与合并时 20:07(c、f、i)Z_H、Z_{DR}粒子识别剖面图(闭合实线内为“Z_{DR}柱”)

如图 4.17a 所示，单体 b 处于发展阶段。“Z_{DR}柱”深度为 1.53 km，表明此时上升气流较弱。柱内平均 Z_{DR}值大于 3 dB，结合粒子识别图来看，柱内主要为质量较大的暖性水成物粒子，当其完全冻结时会释放大量能量，为单体后续的发展提供支撑。−20 ℃层附近的 CR 吸收高层少量的 SWA，生成 LDG，数量为 127 库。

“Z_{DR}柱”深度为 1.36 km，表明上升气流强度较上一时刻有微弱提升。更多的暖性水成物粒子被输送至高空，在 5 km 左右处形成 SWA 蓄积区，数量为 236 库，蓄积区内存在少量质量较轻的 HDG，少量 SWA 被直接抬升至 7 km 附近。−20 ℃层附近 LDG 数量大幅增加，增幅为 246%。

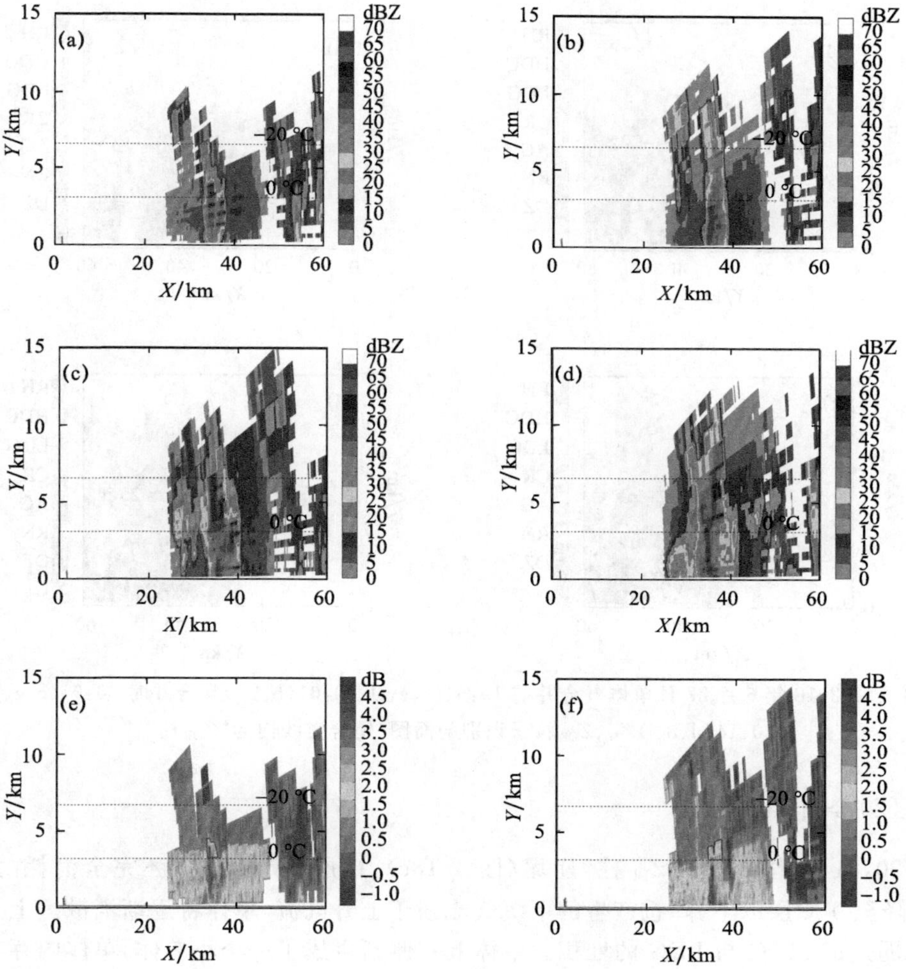

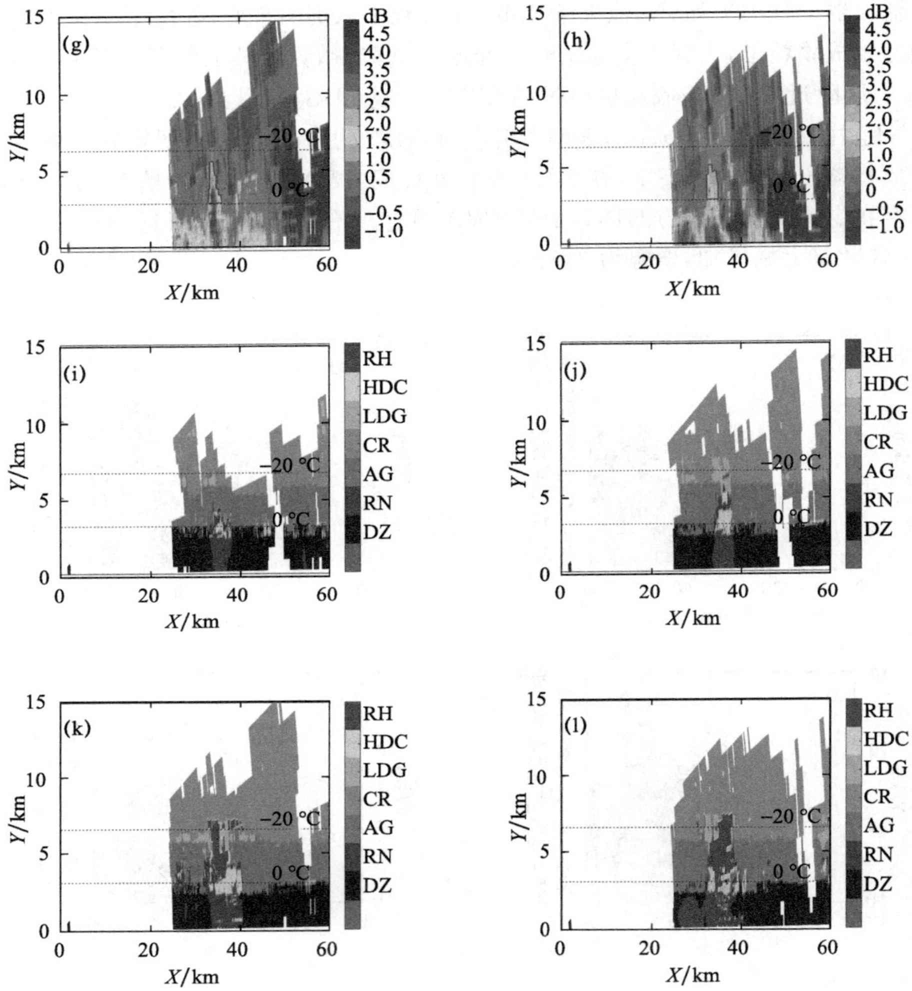

图 4.17　2018 年 6 月 27 日单体 b 合并前 19:54(a、e、i)、20:01(b、f、j)与合并时 20:07(c、g、k)、20:14(d、h、l)Z_H、Z_{DR}粒子识别剖面图(闭合实线内为“Z_{DR}柱”)

(2)合并后

20:21 单体 b 内原“Z_{DR}柱”崩塌(图 4.18c),中层 SWA 被雹胚完全消耗,大量 RH 降至 0 ℃层以下,降雹产生的下沉气流强于上升气流,单体将逐渐消散。上升气流减弱造成 HDG 与 LDG 的堆积。单体 b 右侧新生成了一个小单体,单体内存在成熟的“Z_{DR}柱”,深度达到 2.8 km,表明右侧单体上升气流发展旺盛,将进一步发展。在“Z_{DR}柱”中部以及 0 ℃层以下均识别到 RH,表明高空中部分固态水成物已经能穿过上升气流。20:27 如图 4.18b 所示，单体 b 回波顶高迅速下降，强回波面积大幅度减少，高空中过冷水消耗速率降低，导致 5 km 左右存在一个狭小的过冷水累计带。右侧新生成的“Z_{DR}柱”迅速崩塌，单体 b 内下沉气流占据主导地位，强度将逐渐减弱。

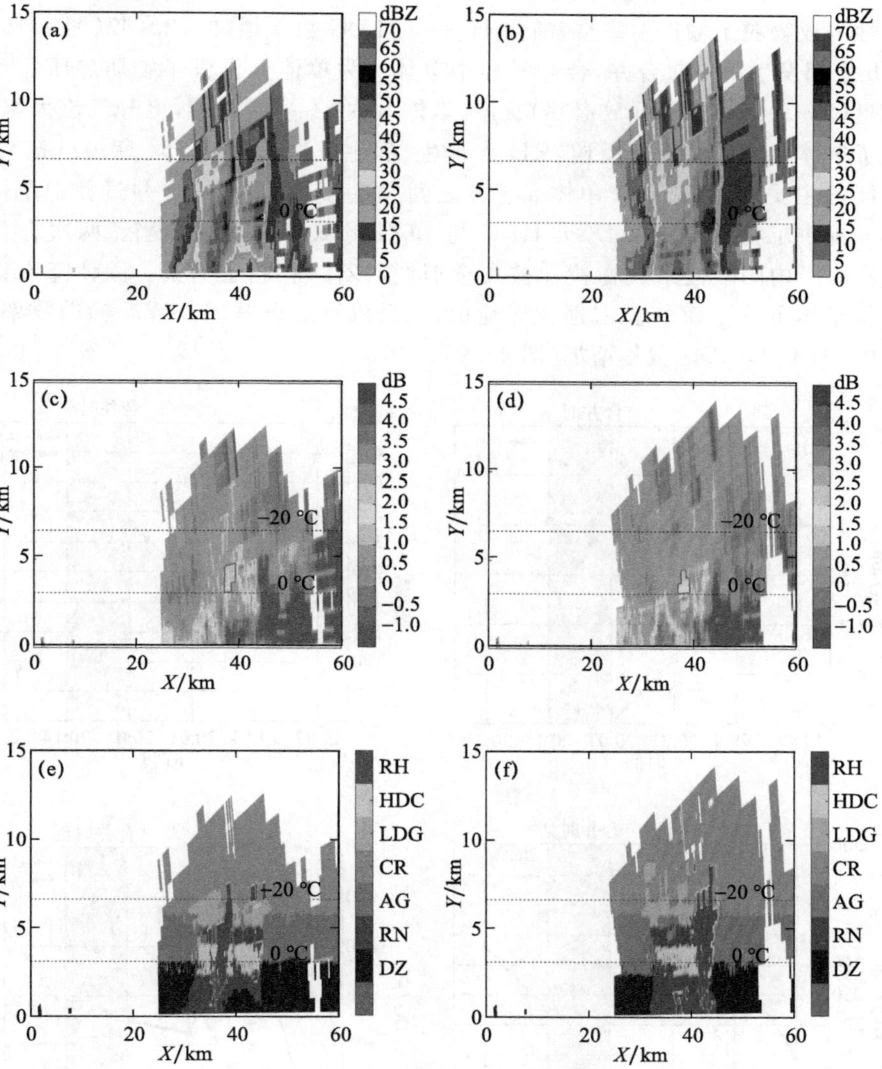

图 4.18　2018 年 6 月 27 日单体 b 合并后 20:21(a、c、e)、20:27(b、d、f)Z_H、Z_{DR}粒子识别剖面图(闭合实线内为“Z_{DR}柱”)

4.5.3 单体合并过程热动力与微物理过程相互作用特征

在单体合并引发的降雹过程中，合并前单体 a 分裂减弱，“Z_{DR}柱”深度迅速降低，上升气流减弱致使高空 SWA 的供给不足，导致 RH 生成效率降低，高空 HDG 与 LDG 堆积，数量增多。单体 b 内“Z_{DR}柱”深度近乎不变，上升气流通过“Z_{DR}柱”将地表暖性水成物粒子输送至高空，高空 HDG 与 LDG 数量增加。20:07(图 4.19)单体 a 与 b 之间发生第一次合并，合并过程中单体 a 为单体 b 提供了物质（HDG、SWA）与能量（SWA 发生相变释放潜热）支持，单体 b 内“Z_{DR}柱”跃增，上升气流大幅增强，促进了单体 b 内的微物理反应，RH 大量生成，生成速率达到 164 库 · min^{-1}，HDG 是 RH 的主要来源。20:14 单体 a 与 b 之间发生第二次合并，合并过程中单体 a 为单体 b 提供了物质支持（LDG），HDG 与 LDG 对 RH 的贡献相当。两次合并过程后，“Z_{DR}柱”内的暖性水成物粒子被大量消耗，“Z_{DR}柱”趋于消失。固体降水物的沉降使得单体 b 内下沉气流占据主导地位，上升气流显著减弱，SWA 输送效率下降，高空中 HDG 与 LDG 数量增加(图 4.19)。

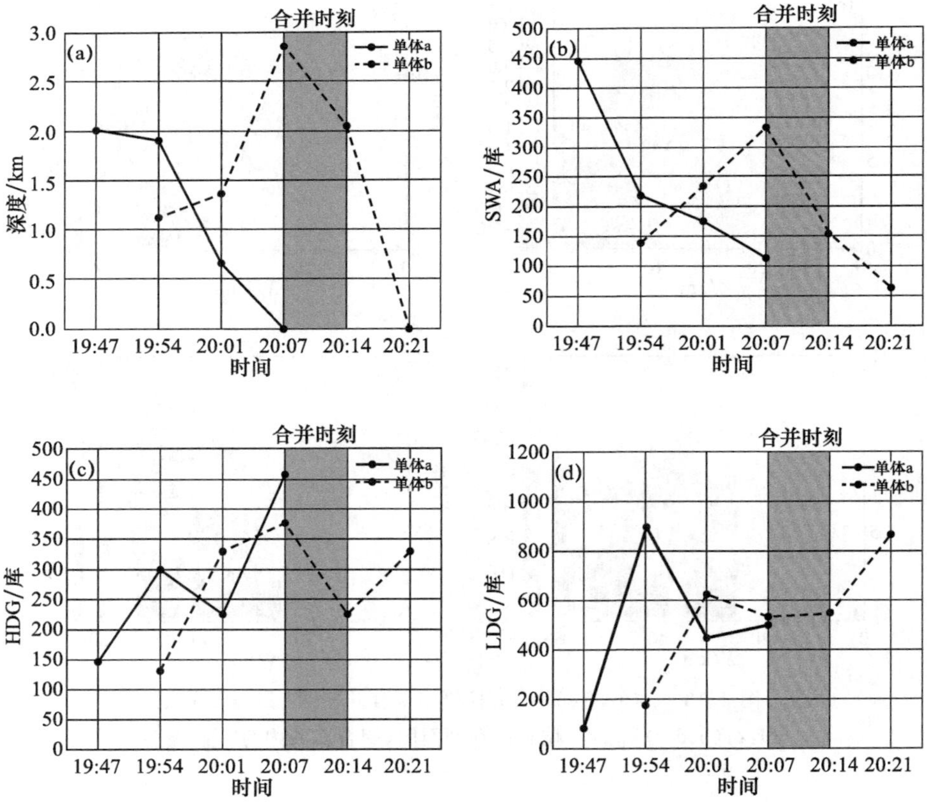

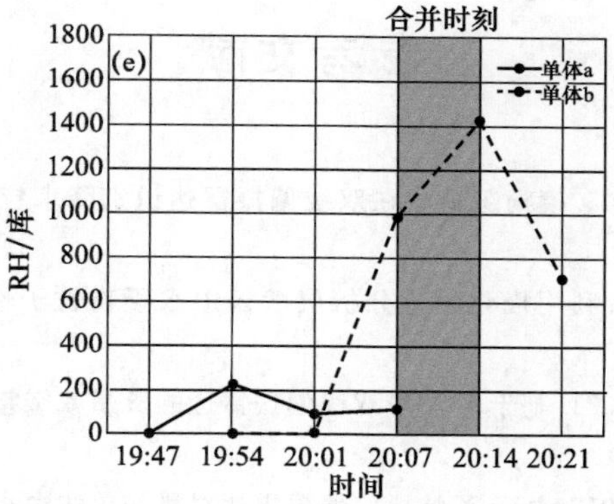

图 4.19　单体 a、b 内"Z_{DR}柱"深度(a)及 0 ℃层以上 SWA(b)、HDG(c)、LDG(d)、RH(e)数量时间序列图(阴影部分表示单体合并时间)

基于以上分析，得出了多单体雹暴相互作用过程中"Z_{DR}柱"与微物理过程的演变特征，据此构建多单体雹暴概念模型，如图 4.20 所示。

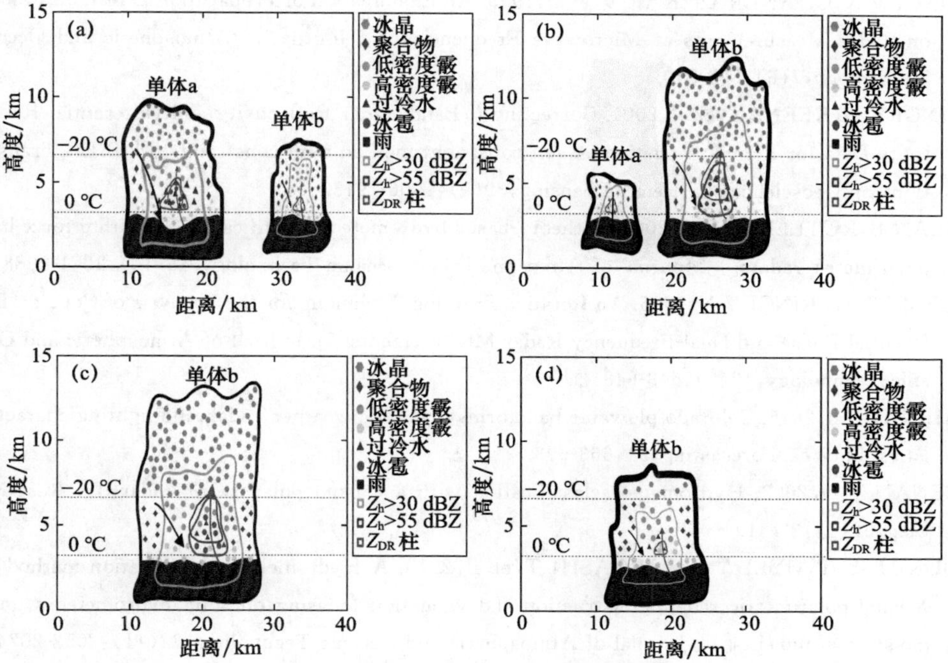

图 4.20　多单体相互作用概念模型

(a)合并前；(b)合并时；(c)合并后；(d)消散阶段

参考文献

曹俊武,刘黎平,葛润生,2005.模糊逻辑法在双线偏振雷达识别降水粒子相态中的研究[J].大气科学,5:827-836.

何宇翔,肖辉,吕达仁,2010.利用极化雷达分析层状云中水凝物粒子性状分布[J].大气科学,34(1):23-24.

黄海迅,周筠珺,曾勇,等,2021.基于X波段双线偏振雷达的贵州威宁雹胚演变特征研究[J].大气科学,45(03):539-557.

李晓敏,周筠珺,肖辉,等,2017.基于X波段双偏振雷达对雷暴单体中水成物粒子演变特征的研究[J].大气科学,41(06):1246-1263.

沈雨,周筠珺,邹书平,等,2023.一次孤立单体雹暴过程"ZDR柱"演变特征分析[J].气象科技,51(01):104-114.

赵川鸿,周筠珺,肖辉,等,2019.X波段双线偏振多普勒雷达共极化差分相移资料的滤波方法研究[J].大气科学,43(02):68-79.

BRINGI V N,CHANDRASEKAR V,et al,1990. An Examination of Propagation Effects in Rainfall on Radar Measurements at Microwave Frequencies[J]. Journal of Atmospheric and Oceanic Technology,7(6):829-840.

BRINGI V N,KEENAN,et al,2001. Correcting C-Band Radar Reflectivity and Differential Reflectivity Data for Rain Attenuation:A self-consistent method with constraints[J]. IEEE Transactions on Geoscience and Remote Sensing,39(9):1906-1915.

DOLAN B,RUTLEDGE S A,2008. A theory-based hydrometeor identification algorithm for x-band polarimetric radars[J]. Journal of Atmospheric and Oceanic Technology,26(10):2071-2088.

HUBBERT J,BRINGI V N,1995. An Iterative Filtering Technique for the Analysis of Copolar. Differential Phase and Dual-Frequency Radar Measurements[J]. Journal of Atmospheric and Oceanic Technology,12(3):643-648.

KALINA,et al,2016. Colorado plowable hailstorms:Synoptic weather,radar,and lighting characteristics[J]. Wea. Forecasting,31:663-693.

KEENAN T D,2003. Hydrometeor classification with a C-band polarimetric radar[J]. Aust Met Mag,52(1):23-31.

KOUKETSU T,UYEDA H,OHIGASHI T,et al,2015. A Hydrometeor classification method for X-band polarimetric radar:Construction and validation focusing on solid hydrometeors under moist environments[J]. Journal of Atmospheric and Oceanic Technology,32(11):2052-2074.

KREHBIEL P,CHEN T,MCCRARY S,et al,1996. The use of dual channel circular-polarization radar observations for remotely sensing storm electrification[J]. Meteorology and Atmospheric Physics,59(1-2):65-82.

LIU H,CHANDRASEKAR V,et al,2000. Classification of hydrometeors based on polarimetric radar. measurements:Development of fuzzy logic and neuro-fuzzy systems,and in situ verification [J]. J Atmos Oceanic Technol,17(2):140-164.

PARK H S,RYZHKOV A V,et al,2009. The hydrometeor classification algorithm for the polarimetric WSR-88D:Description and application to an MCS[J]. Weather and Forecasting,24(3):730-748.

PARK S G,BRINGI V N,CHANDRASEKAR V,et al,2005a. Correction of radar reflectivity and differential reflectivity for rain attenuation at X band. Part I: Theoretical and empirical basis [J]. Journal of Atmospheric and Oceanic Technology,22(11):1621-1632.

PARK S G,MAKI M,IWANAMI K,et al,2005b. Correction of Radar Reflectivity and Differential Reflectivity for Rain Attenuation at X Band. Part II:Evaluation and Application[J]. Journal of Atmospheric & Oceanic Technology,22(11):1633-1655.

RYZHKOV A V, SCHUUR, et al, 2005. The joint polarization experiment: polarimetric rainfall. measurements and hydrometeor classification[J]. Bull Amer Meteor Soc,86:809-824.

SCARANARI D,CELANO M,MARZANO F S,et al,2006. Hydrometeor classification from dual-polarized. weather radar:extending fuzzy logic from S-band to C-band data[J]. Advances in Geosciences,7:109-114.

SELIGA T A,BRINGI V N,1976. Potential use of radar differential reflectivity measurements at orthogonal polarizations for measuring precipitation[J]. Journal of Applied Meteorology,15(1):69-76.

SNYDER J C,BLUESTEIN H B,et al,2010. Attenuation correction and hydrometeor classification of. high-resolution, X-band, dual-polarized mobile radar measurements in severe convective storms [J]. J Atmos Oceanic Technol. ,27 (12):1979-2001.

STRAKA J M,ZRNIĆ D S,et al,2000. Bulk hydrometeor classification and quantification using. polarimetric radar data: synthesis of relations [J]. Journal of Applied Meteorology, 39 (8): 1341-1372.

TESTUD J,BOUAR E L,OBLIGIS E,et al,2000. The rain profiling algorithm applied to polarimetric. weather radar[J]. J Atmos O-ceanic Technol,17(3):332-356.

VIVEKANANDAN J,ELLIS S M,et al,1999. Cloud Microphysics Retrieval Using S-band Dual-Polarization. Radar Measurements[J]. Bull Amer Meteor Soc 80(3):381-388.

ZADEH L A,1968. Fuzzy Algorithms[J]. Information and Control,12(2):94-102.

ZRNIĆ,D S,RYZHKOV A V,et al,2001. Testing a procedure for automatic classification of hydrometeor. types[J]. J Atmos Oceanic Technol,18:892-913.

第 5 章　冰雹与闪电

冰雹与闪电是雹暴过程中两种典型的物理现象。雹云中存在着明显的非感应起电机制，特别是上升气流与过冷液水环境中冰雹或霰粒子与冰晶相互作用的非感应起电尤为重要(Takahashi et al.,2002)。在雹暴上升气流发展的过程中，雹胚通过与过冷液滴的凇附过程快速增长。冰雹生长与闪电发展的微物理过程所需的环境条件有些是一致的，即：适当的上升气流、冰晶以及过冷液水。正是这些一致的条件，使得冰雹与闪电之间存在一定的联系。降雹时间与闪电演变(特别是闪电频数的跃变)之间存在着密切的关系(Wapler, 2017)。Tian 等(2019)的分析表明，闪电频数的跃变在绝大多数情况下先于降雹发生，且平均提前时间为 27 min 左右。Schultz 等(2011)认为，总闪对于降雹的指示作用要好于地闪。

5.1　引言

由于冰雹生长与闪电发生的物理机制和过程均有所不同，雹暴过程冰雹尺度与闪电频数的最大值并不会同步出现。分析雹暴中闪电频数随时间的演变特征对于雹暴的预警预报尤为重要(Tian et al.,2019)。在这一研究过程中通常使用了闪电频数的跃变作为重点分析的参量。Ni 等(2023)也认为，闪电频数先于降雹发生，第一个峰值在降雹之前的 2 min 出现，而降雹发生后闪电频数降到最小值，此后闪电频数又出现第二个峰值，并认为冰雹强度越大，闪电就会越多发生。

Duda 和 Gallus(2010)认为，大约 52%的强天气过程是与线性或非线性的对流天气过程密切相关的，其中降雹与中尺度对流系统的相关度很高。根据中尺度对流系统的概念模型可知，上升的锋后气流可穿过成熟单体(降雹的核心单体)，从而进入层云区域的高层。当降雹发生时，锋后气流将小尺度的水成物粒子(小冰相粒子)向后输送到层云区域的高层。较小的水成物粒子在可产生较大降水率的成熟单体后方通过水汽凝华增长，并在降雹发生后产生降水量次峰值。当雹暴中的上升气流越强，可被传输成熟单体后方的冰相粒子的数浓度可能会越大，而留在成熟单体高层的冰相粒子则会较少。若系统中央冰相粒子较少，首个闪电频数峰值就会较低。若冰相粒子向后输送较多，则会形成较大的二次闪电频数峰值。因此，对于不同的雹暴而言，其闪电与降雹过程则有较大的差异。

5.2　研究资料与方法

本章将以我国贵州省威宁地区的雹暴为主要研究对象进行讨论。贵州省位于青藏高原东南侧，其中威宁彝族回族苗族自治县位于东经 103°36′—104°45′，北纬 26°36′—27°26′的贵州省西部乌蒙山腹地，地处云贵两省交界，是云贵高原的东延部分，总面积 6298 km^2，平均海拔 2200 m，是贵州省面积最大、海拔最高的县，海拔高度梯度较大。由于威宁地区具有高原台地的特殊复杂地形，受海上暖湿气流影响，气候不稳定，灾害性天气频发，其中冰雹是威宁地区主要的灾害性天气，对威宁地区的生产生活造成严重危害。

5.2.1　研究资料

除雷达资料(见 4.2.1 节)外，所用资料还包括：探空资料、再分析资料、闪电资料以及降雹记录资料。探空资料来源于威宁站。再分析资料采用 ECMWF(欧洲中期天气预报中心)的 ERA-5 再分析资料，时间分辨率为 1 h，主要用于对降雹日的环流背景进行分析。闪电资料来源于贵州省三维闪电监测网资料，闪电监测网由贵州省内共 16 个 VLF/LF 闪电探测站组成，可实现对贵州省范围内，包括地闪和云闪的总闪数据实时观测，VLF/LF 闪电探测站通过接收闪电回击辐射的 VLF/LF 脉冲信号，采用 TOA 空间定位方法，实现对闪电的发生时间、平面位置、高度、强度及极性等主要参数的三维定位，解决以往的闪电监测网只能进行二维定位，只能探测地闪、不能探测云闪的问题。降雹记录资料来源于人工影响天气的作业记录以及灾情调查收集数据。

5.2.2　研究方法

对贵州省威宁地区 X 波段双线偏振雷达所做的预处理包括差分相移退折叠、滤波、衰减订正 3 个步骤，其中退折叠使用径向连续性检查法进行退差分相位折叠。滤波方法采用综合小波去噪。衰减订正采用自适应约束算法对反射率(Z_H)以及差分反射率(Z_{DR})进行订正，为粒子相态识别提供更为准确的参考依据。由于该雷达没有 RHI 数据资料，为使微物理分析更加直观清晰，使用 Barnes 插值方法来对雷达数据进行插值。

采用模糊逻辑算法对雹云内水成物粒子在水平方向和垂直方向进行粒子相态识别，该算法总体分为 4 个步骤：模糊处理、规则推导、集成和退模糊处理。将雷达反射率（Z_H）、差分反射率（Z_{DR}）、差分传播相移率（K_{DP}）、相关系数（ρ_{HV}）、温度（T）作为参数建立水成物粒子相态识别模型，其中温度参数根据当日威宁站探空数据获得。将水成物粒子识别结果分为7种类型：毛毛雨（DZ）、雨（RN）、冰晶聚合物（AG）、低密度霰（LDG）、高密度霰（HDG）、雨夹雹（RH）、冰晶（CR），其中低密度霰粒子密度为0.25～0.55 g·cm^{-3}，高密度霰粒子密度为0.55～0.90 g·cm^{-3}，将0 ℃层高度以上的雨（RN）称为过冷水（SWA）。

5.3 贵州省威宁地区雹暴分型及其闪电基本特征

对该区域2018—2019年的23个雹暴天气过程，针对雹云的不同形态、结构对雹暴进行分类，具体可分为孤立单体、多单体（非飑线，下同）、飑线和MCS 4个类型，如表5.1所示。图5.1分别为该地区4种典型雹暴成熟初期组合反射率示意图。

表5.1　2018—2019年雹暴单体分型

类型	降雹时间	降雹地点	密度/（粒·m^{-2}）
孤立单体	2018年3月13日17:02—17:05	牛棚	1000
	2018年3月31日02:21—02:22	中寨	10
	2018年4月25日13:41—13:45	得磨	200～300
	2018年4月28日15:29—15:31	金钟	8
	2018年5月8日17:55—18:05	么站	600
	2019年6月11日15:20—15:25	城关	20
	2019年6月14日18:55—19:00	秀水	50
多单体	2018年4月18日17:10—17:20	威宁县城内	100
	2018年6月27日20:30—20:32	石门	200
	2019年4月27日19:45—19:50	羊街	10
飑线	2018年3月12日17:45—17:55	么站	700～1000
	2018年3月30日17:36—17:38	羊街	20
	2018年3月30日22:55—22:58	炉山	100
	2018年4月30日16:01—16:04	开嘎	40
	2018年4月30日17:07—17:08	石板河	70

类型	降雹时间	降雹地点	密度/(粒·m^{-2})
	2018 年 3 月 26 日 14:45—14:50	么站	700～1000
	2018 年 4 月 1 日 19:43—19:46	得磨	80
	2018 年 5 月 17 日 16:55—17:60	麻乍	60～80
MCS	2018 年 6 月 28 日 15:40—15:41	牛棚	200
	2018 年 7 月 21 日 16:51—16:52	迤那	20～30
	2018 年 7 月 22 日 12:24—12:26	龙场	1000
	2019 年 4 月 11 日 18:03—18:08	双龙	50
	2019 年 4 月 25 日 16:15—16:20	双龙	50

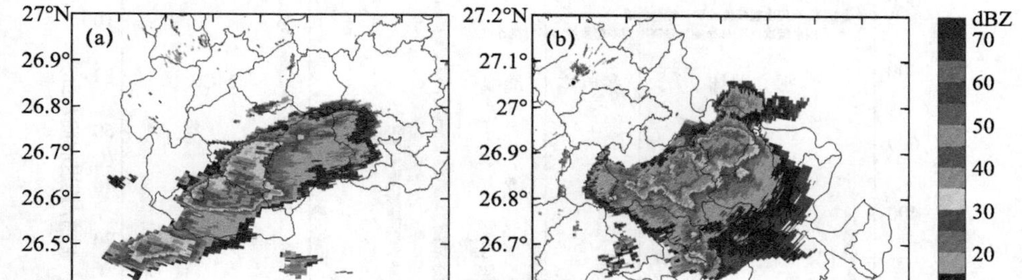

图 5.1　4 种典型雹暴成熟初期组合反射率示意图

(a)2018 年 4 月 25 日孤立单体；(b)2018 年 4 月 18 日多单体；

(c)2018 年 3 月 30 日飑线；(d)2019 年 4 月 11 日 MCS

雹暴的生命演变史经历生成、跃增、成熟、降雹和消亡阶段，其中绝大多数雹云在生成后经历爆发性增长阶段，在这一时段内雹云体积快速增长，回波强度、高度均有快速提升，雹云内动力场结构剧烈变化，是雹胚生成增长的关键时段，也是降雹前的重要征兆。

2018—2019 年该地区发生的 23 个雹暴过程中有较完整闪电探测资料的过程为 16 个。由统计结果(图 5.2)可知，飑线个例的总闪频次明显高于其他类型，孤立单体个例总闪频次普遍较低。16 个个例中有 9 个个例首次闪电时间先于雹暴爆发性增长阶段，其中 3 个 MCS 个例的首次闪电较爆发性增长的提前量在 50 min 以上。13 个个例的闪电频次峰值较爆发性增长延后，其中有 6 个个例延后时间在 30 min 以上。个例 10 和个例 11 两个飑线个例的总闪频次和闪电频次峰值延后量都显著高于其他个例，这也反映出飑线系统维持时间长、对流强度大的特点。

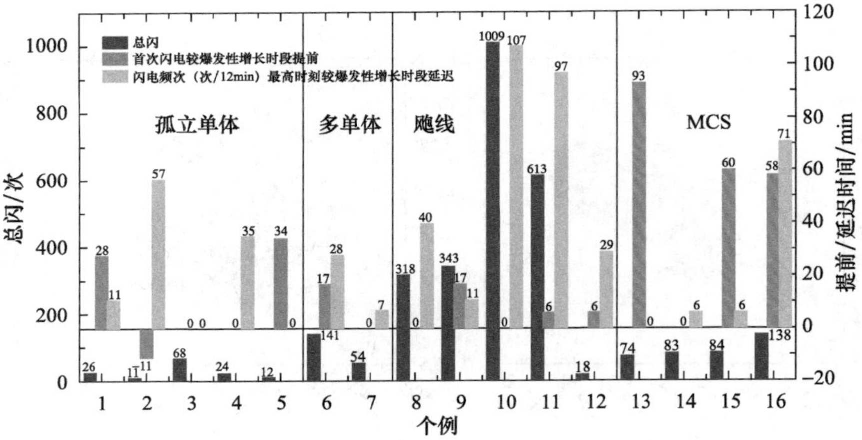

图 5.2　降雹过程中总闪次数、首次闪电出现时间较爆发性增长阶段开始时刻提前量(min)、12 min 内闪电频次峰值出现时间较爆发性增长阶段结束时刻延后量(min)

(个例 1～5 为孤立单体、个例 6～7 为多单体、个例 8～12 为飑线、个例 13～16 为 MCS)

5.4　各类雹暴闪电活动特征

5.4.1　孤立单体雹暴闪电活动特征

以 2018 年 4 月 25 日孤立单体雹暴为例，分析其闪电活动特征(刘霭薇 等，2022)。图 5.3 为单体 0 ℃层以上大于 45 dBZ 回波体积及径向速度垂直分量最大值的时间序列图，由图可见在 12:58—13:15 时段内上升气流和强回波体积增长均达到最大值。根据上述组合反射率演变分析及回波体积和径向速度垂直分量随时间变化情况，将此次雹暴过程划分为生成阶段(12:40—12:58)、爆发性增长阶段(12:58—13:15)、成熟稳定阶段(13:15—13:38)、降雹后减弱阶段(13:38—13:55)、二次增长阶段(13:55—14:18)、减弱消散阶段(14:18—14:46)。

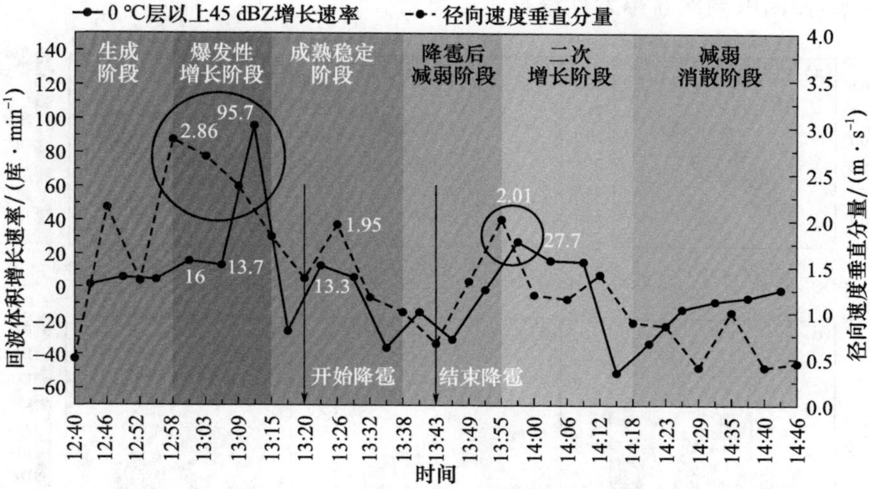

图 5.3　2018 年 4 月 25 日降雹单体 0 ℃层以上 45 dBZ 回波体积增长速率和径向速度垂直分量最大值随时间变化

该过程总闪次数为 68 次，其中正地闪占 5.9%、负地闪占 55.9%、云闪占 38.2%。图 5.4 为 12 min 闪电频次与水成物粒子库数占比随时间变化对比图。由图可知，贵州三维闪电探测到本次降雹过程的首次闪电发生在爆发性增长开始后，

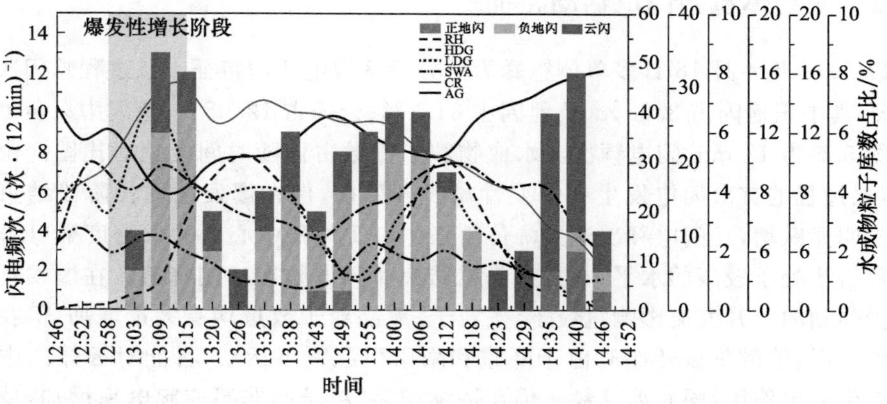

图 5.4　2018 年 4 月 25 日孤立单体内水成物粒子库数占比与闪电频次随时间变化

爆发性增长阶段中期闪电频次跃增，对应 CR、LDG 增长速率较快。将 12 min 闪电叠加至组合反射率及垂直剖面粒子识别图（图 5.5），闪电位置与单体中心基本吻合，大多数云闪位于低密度霰和冰晶混合区域。在第一个闪电峰值（13:09）和第二个闪电峰值（13:38）前冰晶粒子库数占比也达到峰值。爆发性增长阶段受上升气流影响雹云内冰晶和霰的数量增多，存在大量粒子间转换过程，加大了霰和冰晶之间非感应起电率，使闪电频次在爆发性增长时段突增。

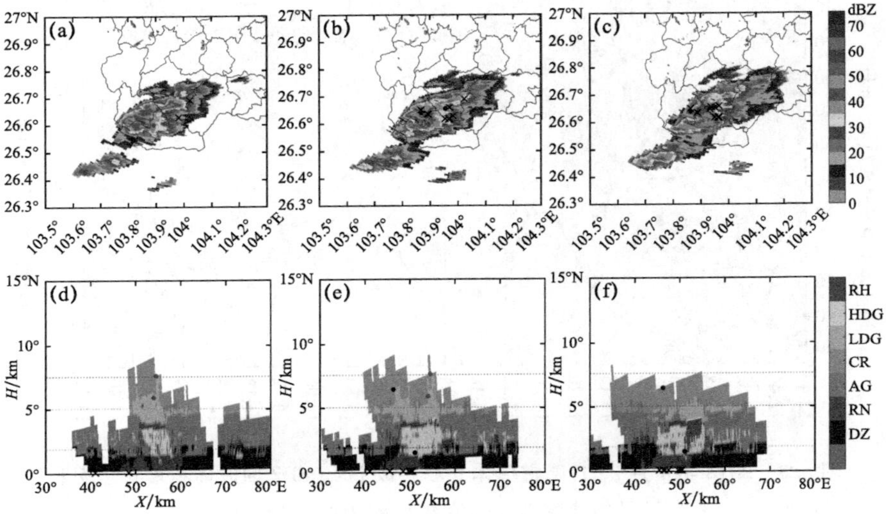

图 5.5　2018 年 4 月 25 日孤立单体组合反射率（13:03(a)、13:09(b)、13:15(c)）及垂直剖面粒子识别（13:03(d)、13:09(e)、13:15(f)）叠加 12 min 内闪电（其中“.”表示云闪，“+”与“x”表示地闪）

5.4.2　多单体雹暴闪电活动特征

以 2018 年 4 月 18 日多单体雹暴为例分析其闪电活动特征。该过程总闪次数为 141 次，其中正地闪占 3.55%、负地闪占 84.4%、云闪占 12.05%，全闪中以负地闪为主。图 5.6 为 12 min 闪电频次与水成物粒子库数占比随时间变化对比图。由图可知，本次过程的首次闪电发生在爆发性增长开始前，但在爆发性增长阶段结束后闪电频次明显跃增，在闪电频次达到峰值前强中心 1 与强中心 2 的低密度霰（LDG）粒子库数占比处于较高的水平，并且在降雹结束时闪电频次达到峰值。在爆发性增长阶段受强烈的上升气流影响雹粒子、霰粒子、冰晶粒子数量均有大量增加，但在雹暴成熟阶段后、消散阶段开始时由于降雹和降雨引起下沉运动，可能对云体内中下层粒子产生拖曳作用，同时冰晶粒子仍在持续增多，粒子间非感应起电率增加，使闪电频次在降雹阶段突增并在降雹结束时达到峰值。

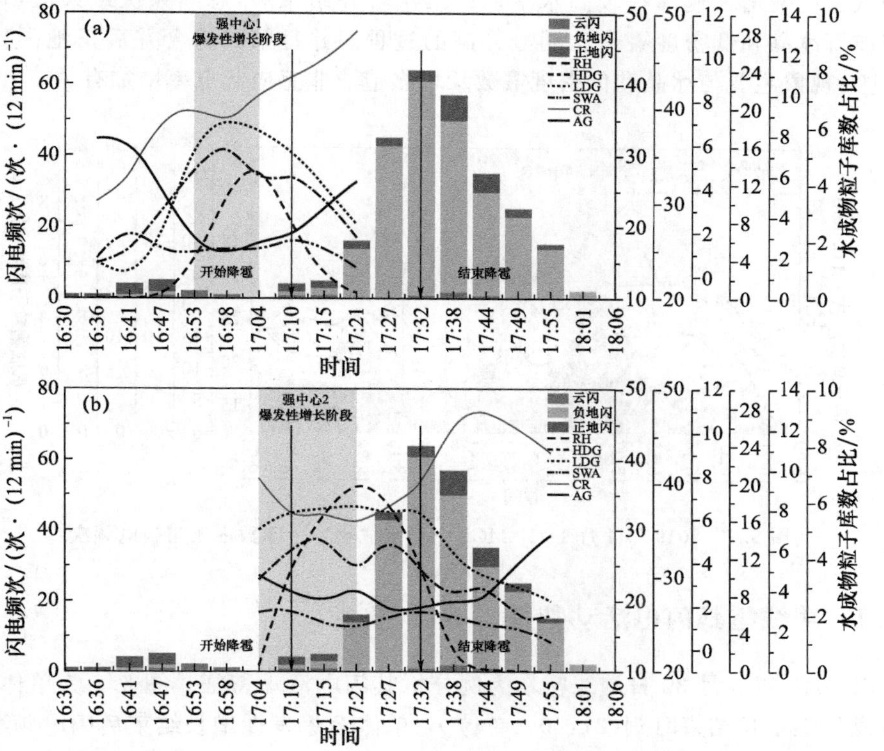

图 5.6　2018 年 4 月 18 日多单体个例水成物粒子库数占比与闪电频次随时间变化

(a)强中心 1；(b)强中心 2

5.4.3　MCS 雹暴闪电活动特征

以 2019 年 4 月 11 日 MCS 雹暴为例分析其闪电活动特征。由于本次 MCS 系统寿命长达 3～4 h，主要根据雹暴经过初生阶段开始发展后至雹暴减弱这一段时间进行统计。将贵州省三维闪电和水成物粒子库数占比进行对照（图 5.7），本次过程探测到的闪电活动主要以正地闪为主，占总闪的 46.4%，负地闪占 34%，云闪占 19.6%。

贵州省三维闪电探测到雹暴生成阶段开始产生闪电，爆发性增长阶段达到峰值，之后闪电频次有所降低，在降雹前合并阶段再次达到峰值。第二次合并后 18:28 贵州省三维闪电探测到的闪电频次达到本次过程的最大值，之后频次明显降低，至 19:02 后闪电频次为 0。在正闪频次达到第一个峰值前（17:01），低密度霰增长速率较大。爆发性增长阶段结束时（17:19）为总闪频次峰值，对应低密度霰和冰晶聚合物增长速率较大。降雹前第一次合并阶段总闪频次迎来第二个峰值，对应冰晶聚合物和低密度霰增长速率在较高水平。第二次合并结束后，总闪频次最大值(18:34)出现前有冰晶和低密度霰占比明显升高的过程。并且第二次合并后正地闪比例增大，这一现象主要与冰晶和低密度霰数量增多造成非感应起电率增加有关。

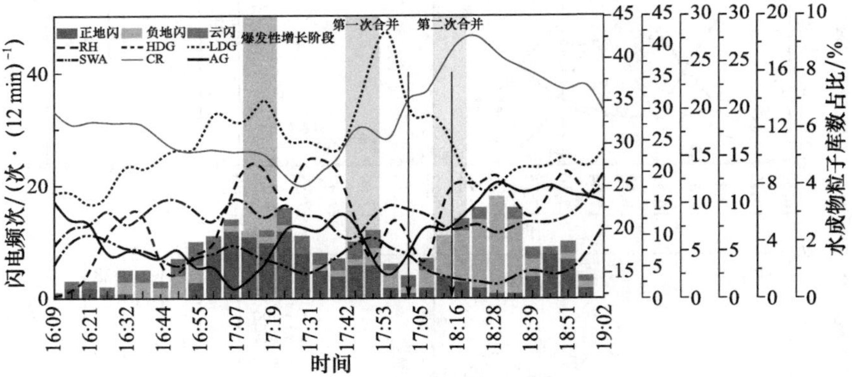

图 5.7　2019 年 4 月 11 日 MCS 个例水成物粒子库数占比与闪电频次

5.4.4　飑线雹暴闪电活动特征

以 2018 年 3 月 30 日飑线雹暴为例分析其闪电活动特征。图 5.8 为单体 A、单体 B 爆发性增长结束时刻(21:40)、单体 A、单体 B 爆发性增长结束后闪电频次跃增时刻(21:57)、合并阶段闪电频次峰值时刻(22:25)、合并后飑线经历爆发性增长后闪电频次达到第二个峰值时刻(23:04)的组合反射率叠加闪电以及单体核心剖面粒子识别图叠加相应范围闪电对比图。由图 5.8 可知，闪电主要分布在组合反射率大值区，地闪主要分布在单体中心的降水区，云闪大多数分布在-10 ℃高度以上，在低密度霰和冰晶粒子的主要分布范围内。

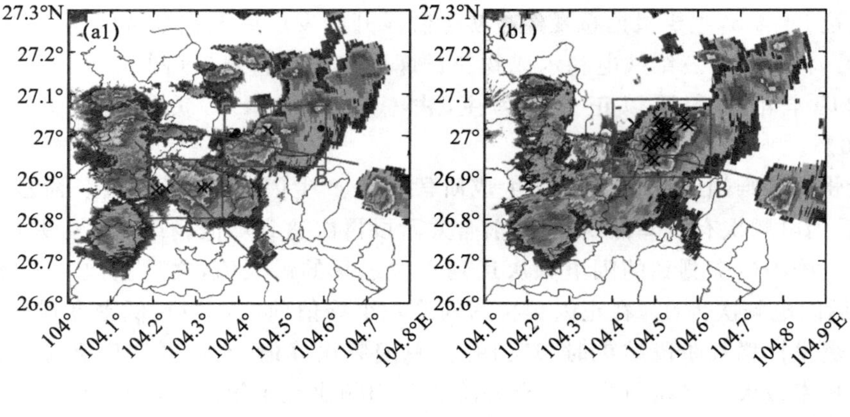

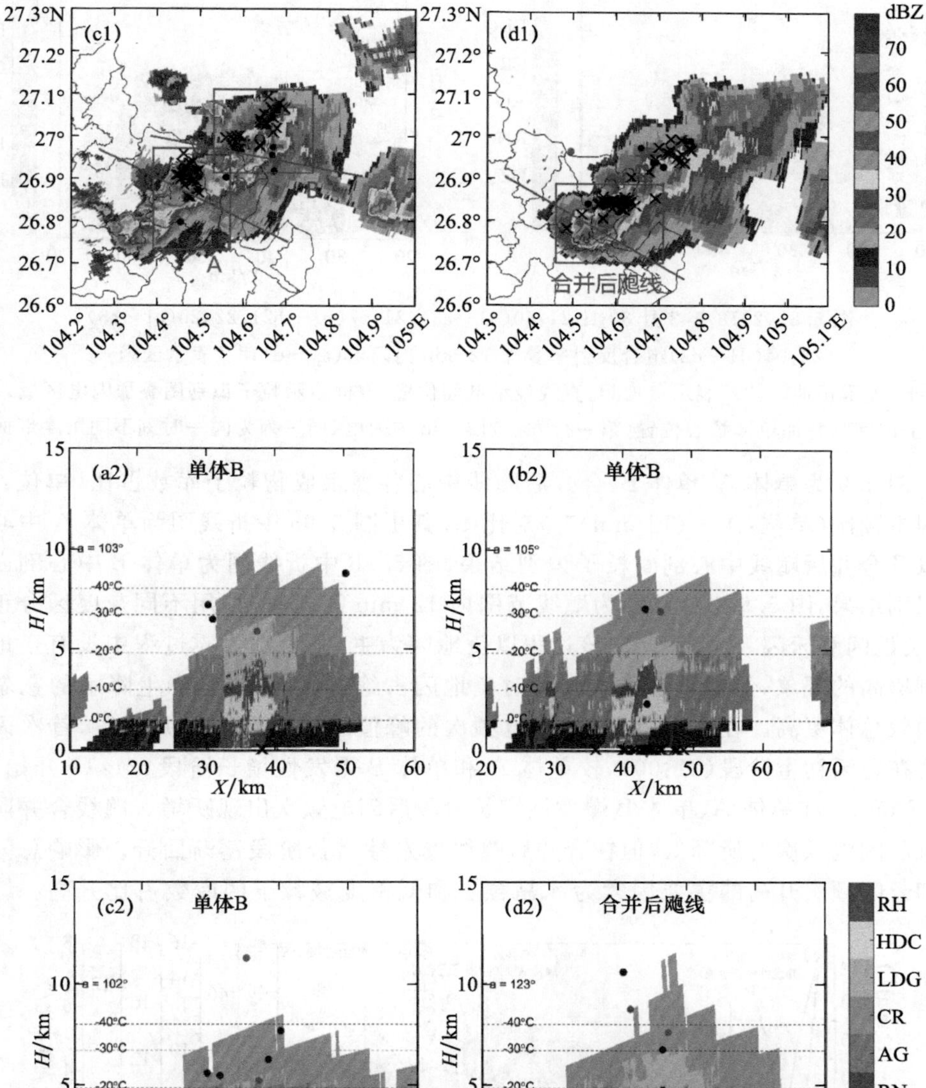
(c1)
(d1)
dBZ
A
B
合并后飑线
(a2)
单体B
(b2)
单体B
(c2)
单体B
(d2)
合并后飑线
H/km
X/km
RH
HDC
LDG
CR
AG
RN
DZ

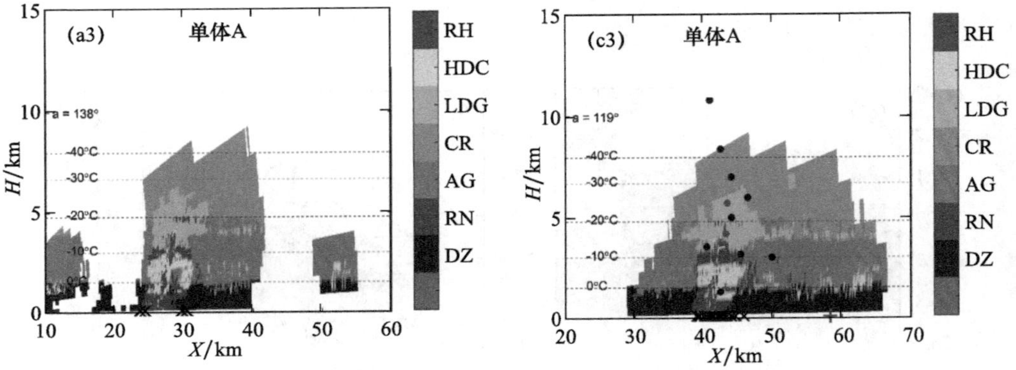

图 5.8　2018 年 3 月 30 日 21:40(a1—a3)、21:57(b1—b2)、22:25(c1—c3)、23:04(d1—d2)组合反射率叠加 12 min 内闪电(a1—d1,“.”表示云闪,“+”表示正地闪,“x”表示负地闪,直线表示剖面位置,方框表示粒子识别图叠加闪电区域)、粒子识别图叠加单体核心位置(第一行方框)12 min 内闪电(同一列为同一时刻不同角度剖面)

图 5.9 为单体 A、单体 B、合并后飑线中心各项水成物粒子库数占比(单位:%)和闪电频次(单位:次·(12 min)$^{-1}$)对比图,其中图 5.9a 中折线图为单体 A 中心剖面以及合并后飑线中心剖面粒子识别结果,图 5.9b 中折线图为单体 B 中心剖面粒子识别结果,图 5.9 中柱状图为飑线范围内 12 min 闪电频次,用不同灰度区分正地闪、负地闪和云闪。由图可知,该过程以负地闪为主,并且在降雹过程中没有正地闪比例增高的现象,但由于强降水发生时负地闪占绝对优势,并且产生降水的雹暴闪电频数总体更高。在本次过程中,闪电频次的峰值出现在飑线合并阶段,首次闪电发生在雹云初生阶段(21:00),较单体 A 和单体 B 爆发性增长阶段(21:17 开始)提前 17 min。在单体 A、单体 B 爆发性增长阶段后闪电频次出现跃增。飑线合并阶段结束后闪电频次有所降低,但在合并后飑线爆发性增长阶段逐渐回升。影响总闪频次和云闪频次升高的主要因素为冰晶粒子和低密度霰粒子的库数占比升高。综上

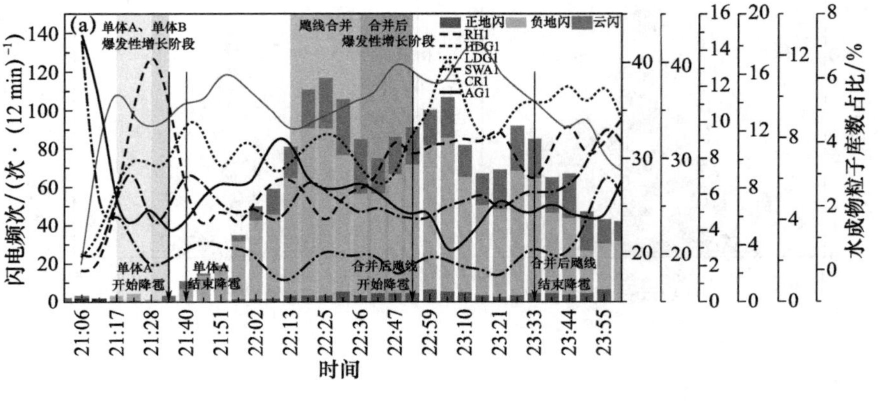

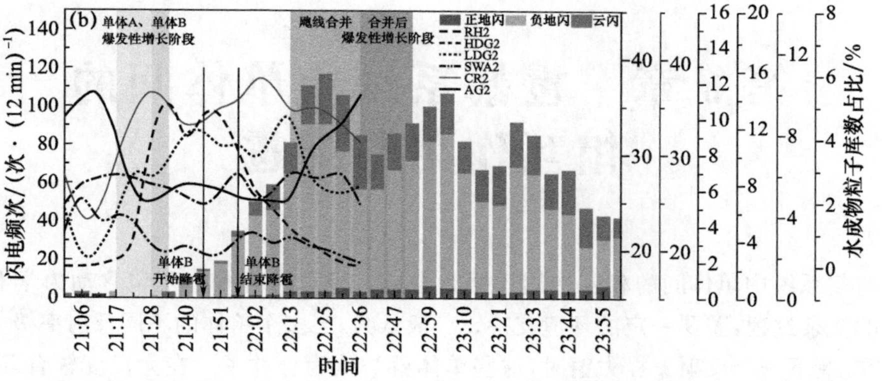

图 5.9　2018 年 3 月 30 日单体 A 至合并后飑线中心(a)以及单体 B(b)水成物粒子库数占比(柱状图,单位:%)与闪电频次(折线图,单位:次·(12 min)$^{-1}$)随时间变化

所述,单体发展过程由于冰晶粒子和低密度霰粒子数量增多,并且爆发性增长阶段上升气流较强,非感应起电率受此影响有所增加。

参考文献

刘霭薇,周筠珺,曾勇,等,2022. 孤立单体爆发性增长过程中的宏微观物理特征研究[J]. 成都信息工程大学学报,37(05):574-583.

DUDA J D,GALLUS,et al,2010. Spring and summer midwestern severe weather reports in. supercells compared to other morphologies[J]. Weather and Forecasting,25(1):190-206.

NI X,HUANG,et al,2023. Lightning evolution in hailstorms from the Geostationary Lightning Mapper over the contiguous United States[J]. Journal of Geophysical Research:Atmospheres,128:e2023JD038578.

TAKAHASHI T,MIYAWAKI,et al,2002. Reexamination of riming electrification in a wind tunnel[J]. Journal of the Atmospheric Sciences,59(5):1018-1025.

TIAN Y,QIE,et al,2019. Total lightning signatures of thunderstorms and lightning jumps in hailfall. nowcasting in the Beijing area[J]. Atmospheric Research,230:104646.

第 6 章　雹暴系统中单体间的相互作用与降雹

雹暴系统中单体间的相互作用主要为合并。雹暴合并是一个包含动力学和微物理学的复杂过程，需要一定的环境支持。一般认为，当多个单体的不同反射率极大值不再存在，剩下一个反射率极大值时，这些单体就被认为合并了。在大尺度辐合环境中，更有利于雹暴单体的合并。一些中尺度环境条件，如两个孤立单体间的有利气压梯度等，也是合并发生的必要条件(Westcott，1984)。20 世纪初，观测雹暴合并现象时，最早发现云桥现象。云桥是合并时来自不同单体的流出之间的碰撞导致的原始单体之间的一个新的对流单元。新单体的发育可以吸收原始单体，或吸收一个原始单体，使另一个单体消散(Simpson et al.，1980)。观测研究和数值模拟证实单体合并后会加剧初级风暴，有利于系统的加强，且对冰雹及龙卷的产生有一定的作用。

雹暴系统中的单体间的相互作用时会引起动力、热力和微物理等方面的改变。过程中的云中水成物粒子相态转变可以揭示其中的微物理变化。双线偏振雷达的偏振参数对水成物粒子很高的敏感性，使其在探测粒子相态时具有很大优势，可以通过雷达探测量对冰雹云内的水成物粒子进行有效识别。

6.1　雹暴系统中单体间的相互作用定义及资料

这里讨论的雹暴系统中单体间的相互作用主要指的是合并(陈秋梅 等，2022)，且定义合并的标准如下，即：将大于或等于 30 dBZ 的组合反射率确定为雹暴单体的边界，在雷达组合反射率图中观测到两个合并单体边界回波连接在一起，视为合并开始，当最强回波核合并，即只有一个强回波核时，可定义为合并结束。将合并主要分为两种类型：①两个雹暴单体间进行一次合并，称 Single Merging(SM)型；②多个雹暴单体间进行两次或多次合并，称 Multiple Merging(MM)型。

为研究不同类型相互作用对雹暴发展演变过程中热动力场及闪电活动的不同影响，选用对流系统中雷达回波强度≥40 dBZ 的库数(D40)表征回波核大小，来反映雹暴的发展情况。统计径向速度>10 $m \cdot s^{-1}$的库数相对相互作用开始时刻的变率(Fv10)来表示系统的动力场。以 12 min 内闪电频数与过程总频次比例(PF12)来表示闪电活动强弱。

所用的雷达和相关资料及其处理方法见第 4 章与第 5 章。

6.2　单次合并型雹暴过程

2018 年 4 月 30 日贵州省威宁地区发生强对流天气过程，产生降雹，根据威宁地区内降雹记录：开嘎于 16:36—16:37(北京时，全书同)观测到黄豆大小的冰雹，直径约 5 mm，密度 80 粒 · m^{-2}，本次雹暴过程发生了两个单体的单次合并。

图 6.1 为 2018 年 4 月 30 日 16:25—18:08 雹暴天气过程的雷达回波演变图，本次雹暴天气主要由单体 A、单体 B 相互作用形成新单体 C 导致，过程持续时间约 2 h，存在一次明显合并过程(16:30—17:16)，合并结束时雷暴的最大反射率达 60 dBZ，最

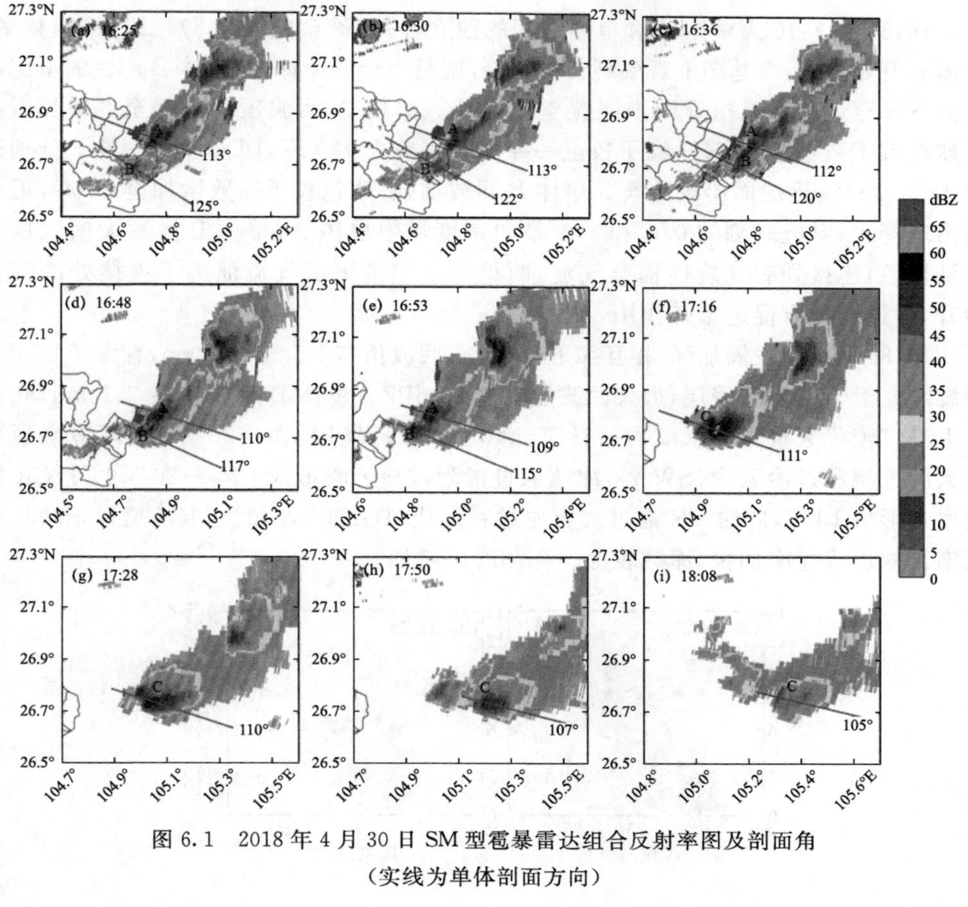

图 6.1　2018 年 4 月 30 日 SM 型雹暴雷达组合反射率图及剖面角

(实线为单体剖面方向)

大水平尺度约 35 km，降雹时间：16:25—18:02。

6.2.1 合并前阶段

16:25 雷达图上观测到两单体，且单体 A 的回波范围和强度均大于单体 B。单体 A 回波顶高 9.8 km，有>55 dBZ 回波值出现，发展高度超过 −40 ℃环境层，有>45 dBZ 回波值位于 −20 ℃环境层，−20～0 ℃间存在大量过冷水，最强回波及地，统计雷达探测的径向剖面粒子识别图的各水成物粒子的库数得出过冷水有 345 库，空中及近地面均识别出冰雹粒子，地面出现冰雹。单体 B 回波顶高约 8 km，最大回波值不超过 55 dBZ，>40 dBZ 区域均位于 0 ℃环境层下，−20～0 ℃间过冷水较少，63 库，冰雹粒子 17 库。

6.2.2 合并阶段

16:30—17:16 为单体 A 和单体 B 间的独立合并（图 6.2、图 6.3）。16:30 单体 A、单体 B 开始合并，雷达图上观察到云桥现象，这是由合并单体 A、单体 B 产生的下沉冷气流下降至地面外流抬升周围暖湿空气形成。单体 A 回波顶高下降至 8.2 km，空中冰雹粒子数量减少，RH 粒子较上一探测时刻减少 170 库，LDG、HDG 粒子分别减少 43%、18%，近地面出现冰雹。单体 B 回波增强，冰雹粒子库数增加至 27 库，近地面出现降水，对应时刻的 0.5°和 2.4°径向速度场中单体 A、单体 B 回波大值区域观察到辐散，连接处有气旋性辐合气流，两单体的辐散下沉气流促进了连接处的气流抬升，对连接处有促进增长作用。

16:36 两单体发展加强，相互靠近，单体 A 回波顶高上升至 8.9 km，有大于 55 dBZ 回波区位于 −20 ℃环境层，最大回波值超过 60 dBZ。单体 B 回波顶高 7.1 km，旺盛的上升气流将大量暖性水成物抬升至 −40～0 ℃环境层，在 −20～0 ℃环境层形成较大的冻滴和过冷云滴（SWA），冰核通过淞附过冷云滴形成 CR，−20 ℃以上 CR 淞附增长形成 LDG，同时 CR 通过贝吉龙过程形成 AG 的速率增大，RH 通过干增长和湿增长的形成速率加快，库数较上一探测时刻增加。

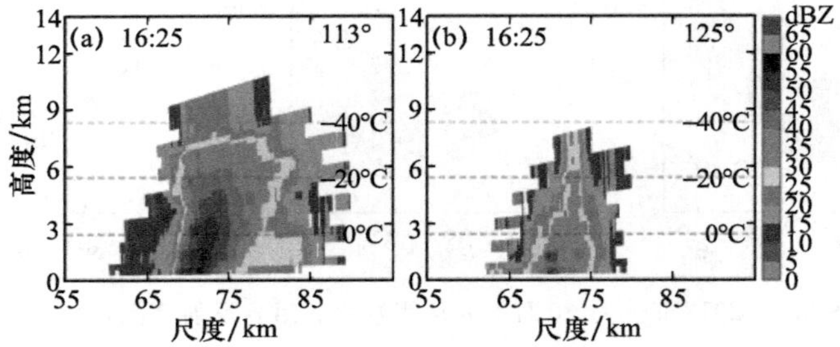

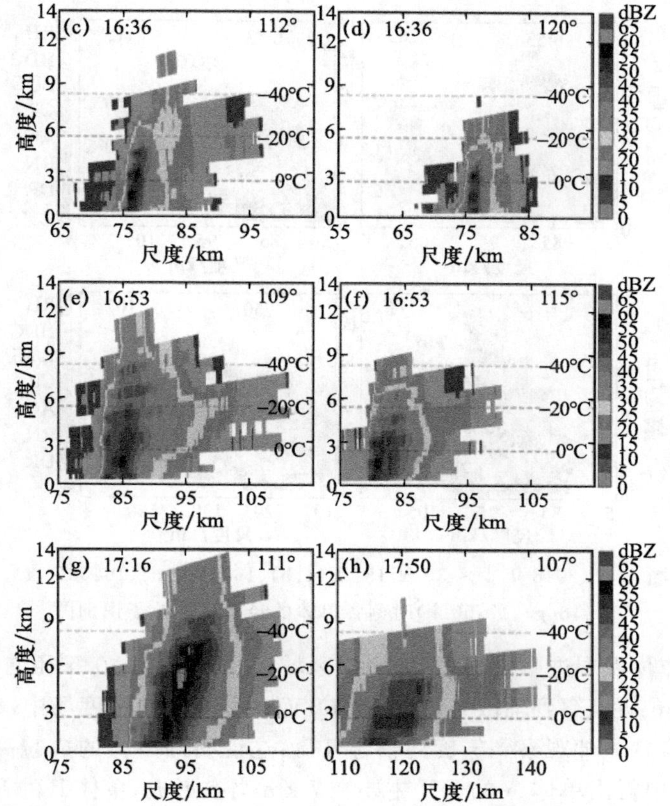

图 6.2　2018 年 4 月 30 日 16:25(a、b)、16:36(c、d)、16:53(e、f)、17:16(g)、17:50(h)时刻各单体的径向剖面反射率图

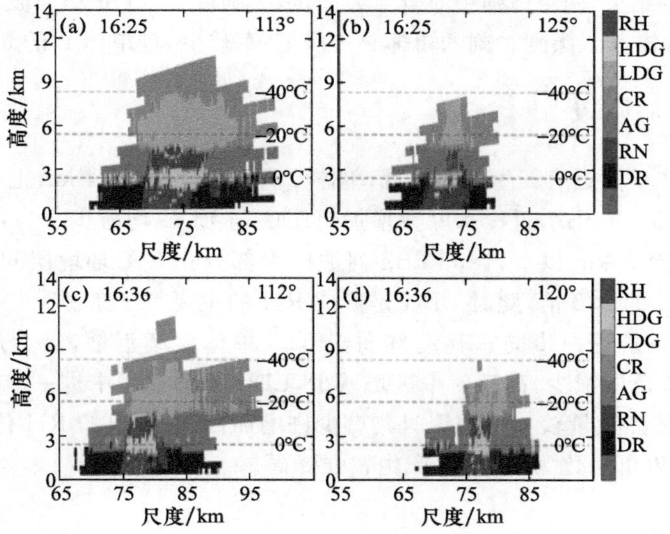

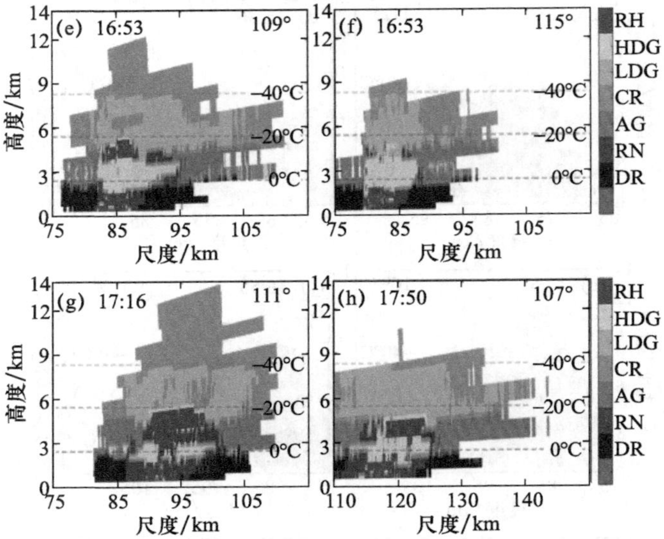

图 6.3　2018 年 4 月 30 日 16:25(a、b)、16:36(c、d)、16:53(e、f)、17:16(g)、17:50(h)时刻各单体的径向剖面粒子识别图

16:53 两单体发展进一步增强,强回波区域进一步扩大。0.5°径向速度场中单体 A、单体 B 对应位置观察到辐散气流(图 6.4),而在 2.4°径向速度场中,单体 A 处仍有辐散气流,单体 B 处却观察到气旋性辐合气流,这说明两单体的成雹高度不同,从对应径向剖面图中得出单体 A 的 RH 主要在 7 km 高空形成,单体 B 的 RH 在 5 km 处形成。0.5°与 2.4°径向场中连接处仍可观察到辐合上升气流,且强度都较 16:30 时刻增大,强烈的抬升气流,使得该时刻单体 A 的 LDG 与 SWA 粒子均达到最大值。

17:16 合并结束,两单体强中心合二为一,最大强度达 60 dBZ,回波高度 12.9 km,RH 为 655 库,较上一探测时刻的单体 A 的 851 库减少,较单体 B 的 564 库增多。

6.2.3　合并后阶段

17:28 单体 C 附近有新生单体出现,单体 C 回波顶高由 11.4 km 上升到 13.8 km,最大反射率达 58.5 dBZ,过冷水库数增加,HDG 与 LDG 均减少。17:50 单体减弱,回波顶高下降至 9 km 以下,>55 dBZ 回波区大部分在 0 ℃环境层间出现,LDG 减少速率为 HDG 的 2.2 倍,此时 LDG 是形成 RH 的主要粒子来源。

之后天气系统进一步向东移动减弱,18:08 单体继续消散,最大反射率减小至 43.5 dBZ,回波范围减少,高反射率区域减少,LDG 下落过程中进一步转化为 HDG,造成 HDG 的总体数量较上一探测时刻有少许增加,此时形成的 RH 体积较小,下降到 0 ℃环境层以下融化为液态水,产生较强降雨。

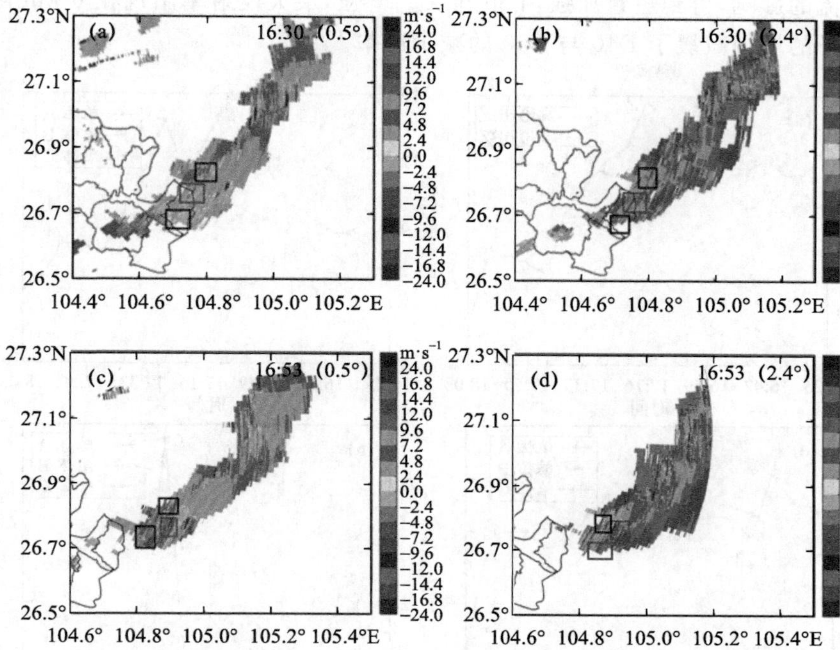

图 6.4　2018 年 4 月 30 日 16:30(a、b)、16:53(c、d)雷达 0.5°和 2.4°水平径向速度场(方框内代表辐散及辐合)

6.2.4　雷达基本参量特征

雷达回波＞40 dBZ 的区域(D40)可以反映该时刻回波核大小，回波值＞50 dBZ 的区域(D50)能间接反映该时刻云内大粒子水成物的量。分析 2018 年 4 月 30 日雹暴生命史中雷达回波参量变化发现(图 6.5)，D40 与 D50 的整体变化趋势一致，合并期间存在起伏，两者峰值均在合并结束时刻出现，说明合并加强了系统的发展，使得云内大粒子数量增加，HDG 通过淞附 SWA、碰冻 CR 与 AG 等粒子增长形成 RH，LDG 在下降过程中淞附 SWA 增长形成 RH 的速率增加。合并开始时刻 D40 与 D50、回波顶高(Top)出现下降，此时单体 A 降雹，单体 B 降水，考虑是上升气流和下沉气流相互作用的结果。16:42 观察到 D40 的次峰，单体 A 在该时刻有最大反射率(Z_{max})极大值出现，下一探测时刻 16:48 单体 A 与单体 B 近地面均有 RH 出现。空中 RH、LDG、HDG 等大粒子的形成速度小于 RH 下落减少速度是合并阶段 D40 与 D50 值下降的主要原因。17:10 出现两单体的顶高峰值，单体 Z_{max} 值增大，强输送气流使空中大冰相粒子大量形成，下一探测时刻 17:16 的 D40 与 D50 出现最大值。合并后，D40 与 D50 大体呈下降趋势；Top、Z_{max} 的变化趋势基本一致。17:28 系统受周围新生对流的影响，得到短暂加强，Top 与 Z_{max} 增强，最大反射率出现在 6 km 高空，空中大粒子的增加减缓了 D40 与 D50 的减少速率。

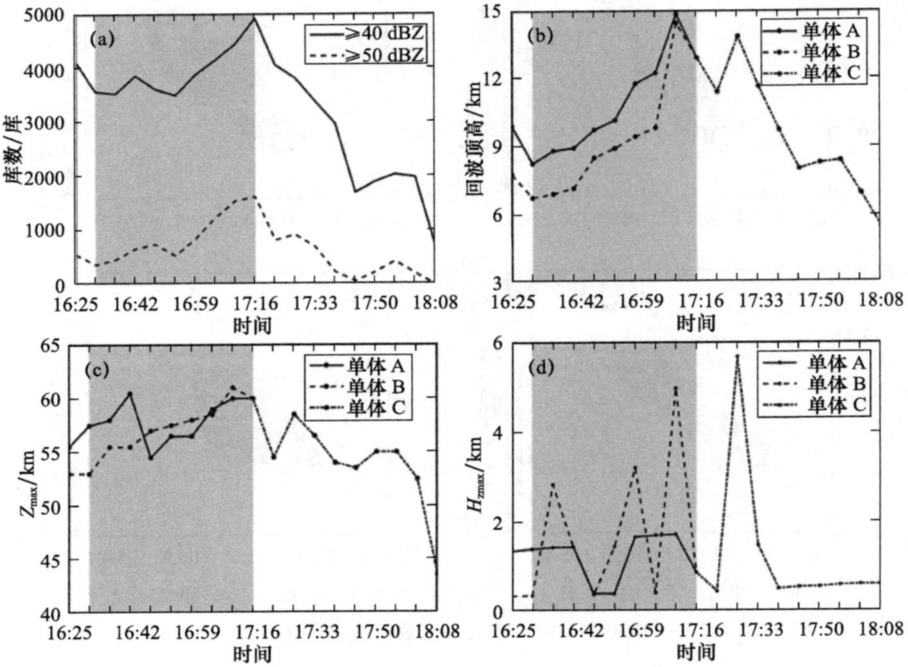

图 6.5　2018 年 4 月 30 日雹暴回波值≥40 dBZ 的库数和回波值≥50 dBZ 的库数(a)、回波顶高(b)、最大反射率(c)及最大反射率所在高度(d)随时间变化图(图中阴影表示合并阶段)

6.2.5　系统动力场变化

使用 V5(径向速度>5 m・s^{-1}的库数)、V10(径向速度>10 m・s^{-1}的库数)和 Max Vvc(径向速度垂直分量最大值—maximum vertical component of radial velocity)来表征天气系统的动力场，见图 6.6。V5、V10 与 Max Vvc 在合并期间存在较大的起伏，合并后大体呈现下降趋势。从各单体来说，单体 A 合并期间的 Max Vvc 呈下降趋势，单体 B 则呈增长趋势。在 16:30—17:16 合并期间，Max Vvc 的峰值为 2.79 m・s^{-1}，出现在 16:48，此时也出现天气系统的 V10 峰值，单体 A 与单体 B 的上升气流得到加强，剧烈的上升气流加速了大 HDG 与 LDG 粒子向 RH 粒子的转化速率，大量 RH 粒子下落产生强烈的下沉气流，上升气流被削弱，使得 Max Vvc 下一探测时刻骤降。16:59Max Vvc 再次增强至 2.65 m・s^{-1}，V5 也达到合并期间最大值，单体 A 与单体 B 再次发展。合并结束时刻的上升气流小于合并初期，说明合并期间单体内的上升气流并不是持续加强的。合并结束后，17:28 单体 C 受附近新生对流的影响，Max Vvc 的减少速率较上一探测时刻放缓，之后系统动力场逐渐衰弱。

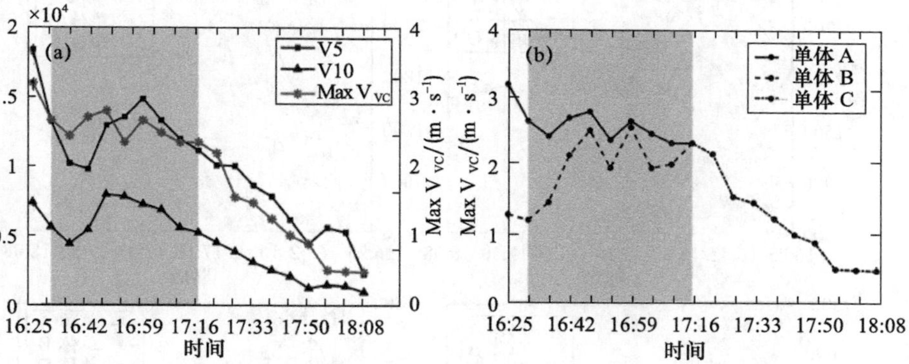

图 6.6　2018 年 4 月 30 日雹暴径向速度＞5 m·s^{-1}的库数（V5）、
径向速度＞10 m·s^{-1}的库数（V10）、系统径向速度垂直分量最大值（Max Vvc）随时间变化（a），
各单体系统径向速度垂直分量最大值（Max Vvc）随时间变化（b）（图中阴影表示合并阶段）

6.2.6　关键水成物粒子演变

图 6.7 为整个天气过程中的粒子数量随时间的变化图。分析可知，合并开始前，单体 A 已开始降雹，单体 B 有降水产生。合并阶段，系统整体上升气流增强，单体 A 持续降雹，单体 B 加强发展，产生冰雹。合并期间单体 A 的 RH 粒子数量波动大，这与大 HDG 与 LDG 粒子形成 RH 粒子下落至地面有关。16:42 单体 A 的 RH 数量开始下降，说明 RH 的下落减少速率大于高空形成 RH 速率。16:48 出现合并期间的最强上升气流，下一探测时刻 16:53RH 粒子数量剧烈减少，单体 A 减少最多，其 RH 粒子减少量约为单体 B 的 3 倍，单体 A 的 SWA 数量较上一探测时刻剧增，这是由于形成 RH 消耗过冷水速率小于抬升气流产生过冷水速率，致使过冷水粒子增加导致，单体 B 的 SWA 少量增加。合并期间，RH、HDG、LDG、CR 大体呈现增长趋势，AG 先增后减，SWA 波动情况复杂。合并后，系统再次进入强降雹时期。17:28 受新生对流影响，系统的 RH、HDG、LDG、SWA、AG 粒子短期内增加，之后逐渐减少。

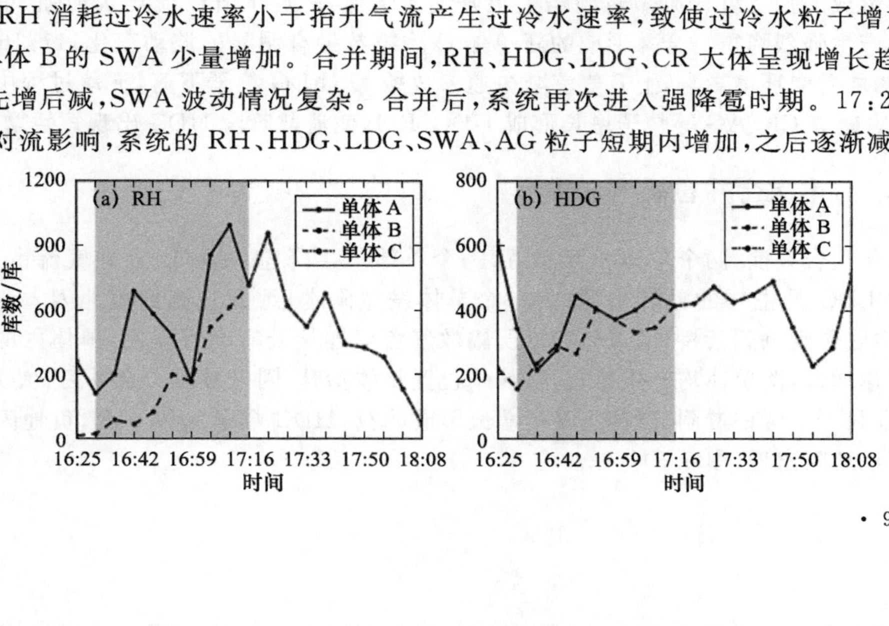

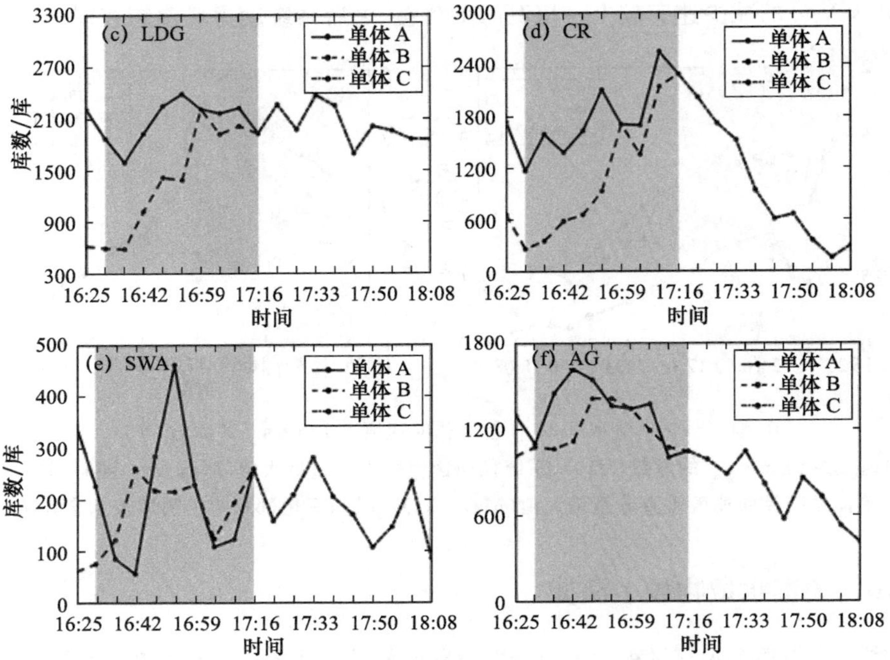

图 6.7　2018 年 4 月 30 日单体 A、B、C 的冰雹(RH)(a)、高密度霰(HDG)(b)、低密度霰(LDG)(c)、冰晶(CR)(d)、过冷水(SWA)(e)、聚合物(AG)(f)粒子随时间变化(图中阴影表示合并阶段)

合并期间,单体 B 的增长情况与单体 A 的增长不同步,单体 A 的降雹大于单体 B。合并期间较大的输送气流,增加了单体 B 中的水成物粒子,产生降雹。单体 A 合并前已开始降雹,空中已存在大量的雹胚,增强的上升气流使得空中 RH 大量减少,下落形成的强下沉气流短暂削弱了上升气流强度,之后上升气流再次加强,单体 A 再次产生强烈降雹。合并形成的新单体 C 冰雹数量有明显的波动变化,17:16 降雹增强,之后受环境影响,上升气流减少速率放缓,大 LDG 粒子下落,下落过程中淞附 SWA、碰冻 CR、AG 等粒子增长形成 HDG、RH,使消散阶段 HDG 出现短暂增长。

6.2.7　单次合并雹暴概念模型

单次合并前,两个单体相互靠近,一个单体产生降雹,单体内上升气流占主导,此时 LDG 是主要的雹胚来源,另一个单体发生降水,地面观测到负地闪。合并阶段,中底层观测到云桥,两单体的低层辐散气流对连接处有促进作用,单体内的霰粒子迅速增多,两单体均产生冰雹,霰粒子位置整体抬升,闪电减少。合并后:大 LDG、HDG 粒子下降中淞附、碰冻 SWA 增长形成冰雹,HDG 数量大体不变,负地闪增多且有正地闪出现(图 6.8)。

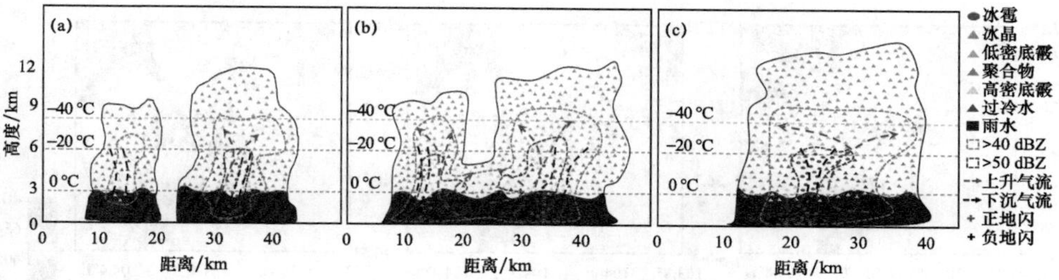

图 6.8　单次合并雹暴概念模型

6.3　多次合并型雹暴过程

2019 年 6 月 14 日贵州省威宁地区发生强对流天气过程，产生降雹，有降雹记录：秀水于 16:20—16:32、16:50—16:56 观测到降雹，密度 50 粒 · m^{-2}，本次雹暴天气过程中 3 个单体历经 2 次合并。

由图 6.9 分析组合反射率发现，威宁地区有 3 个单体(从右至左依次为单体 A、单体 B、单体 C)雷暴相继生成，向东北缓慢移动并逐渐增强合并，最后趋于消亡，每个单体生命史均不足 1 h，有 2 次明显的合并过程，共计 38 min(16:04—16:42)，合并结束时雷暴的最大反射率 55 dBZ，水平尺度约 25 km，17:20 天气系统完全消亡，降雹时间 16:23—16:35，16:50—16:56。

6.3.1　合并阶段

16:04—16:23 单体 A、单体 B 进行合并形成单体 B1(图 6.9)。16:04 在单体 A、单体 B 间观测到位于低空的云桥。单体 A 回波强度进一步增强，最大回波 51.5 dBZ，未形成强中心在 0 ℃以上发展，强回波出现在近地面，过冷水较上一时刻急剧减少至 21 库，有大粒子降落，此时单体内下沉气流占主导地位，仍观察到 TBSS。单体 B 增强，最大回波 41.5 dBZ，回波顶升高，上升气流内的暖性液态水被抬升至−20 ℃高处，被冰核凇附形成冰晶(CR)，强回波区大部分位于 0 ℃温度层和−20 ℃温度层之间，各类水成物粒子快速增长，其中冰晶的变率最大达 335 库 · min^{-1}。在单体 B 左侧观测到新单体 C。

16:11 单体 A、单体 B 的连接处变宽(图 6.10)，4.3°仰角径向速度场中观测到弱气旋性环流出现，位置基本与连接处重合，此时单体 A 相较于前一时刻中心回波强度和高度都减弱，冰晶减少至 871 库(图 6.11)。单体 B 靠近连接处有新对流生成，有少量 RH 粒子出现在 0 ℃环境层以下，有降雨产生。单体 C 的回波高度较上一时刻上升，回波区域变宽，有 45 dBZ 的强中心位于 0 ℃环境层以下，云体内有少量 LDG

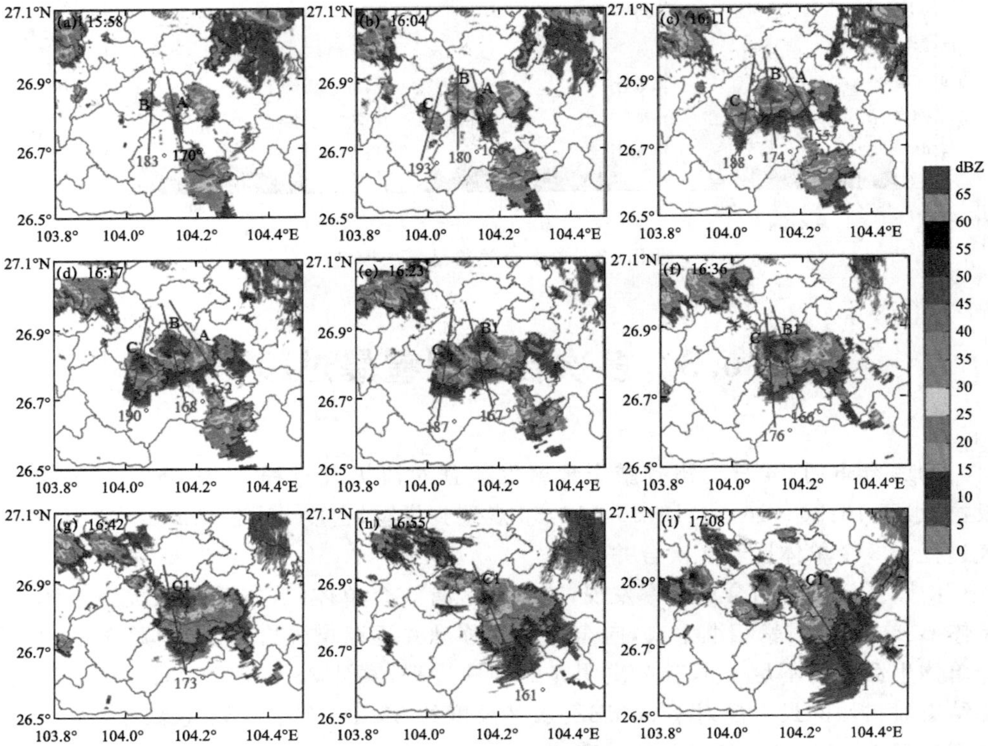

图 6.9　2019 年 6 月 14 日 MM 型雹暴雷达组合反射率图及剖面角(实线为单体剖面方向)

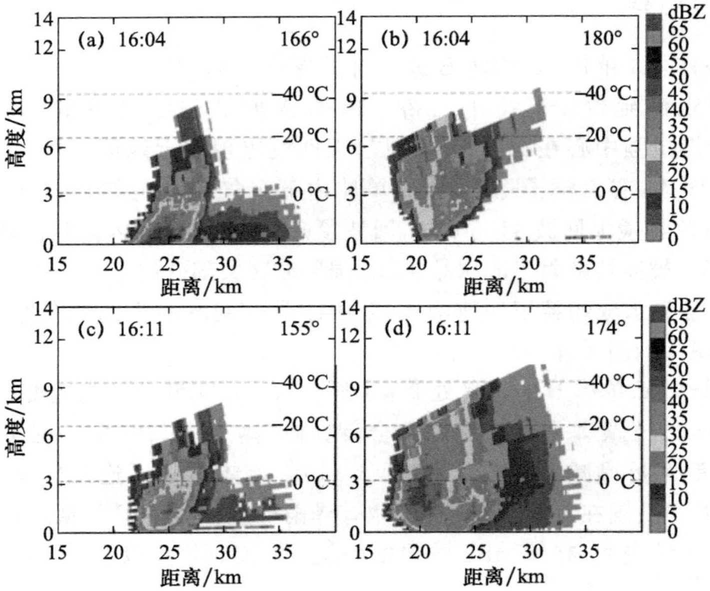

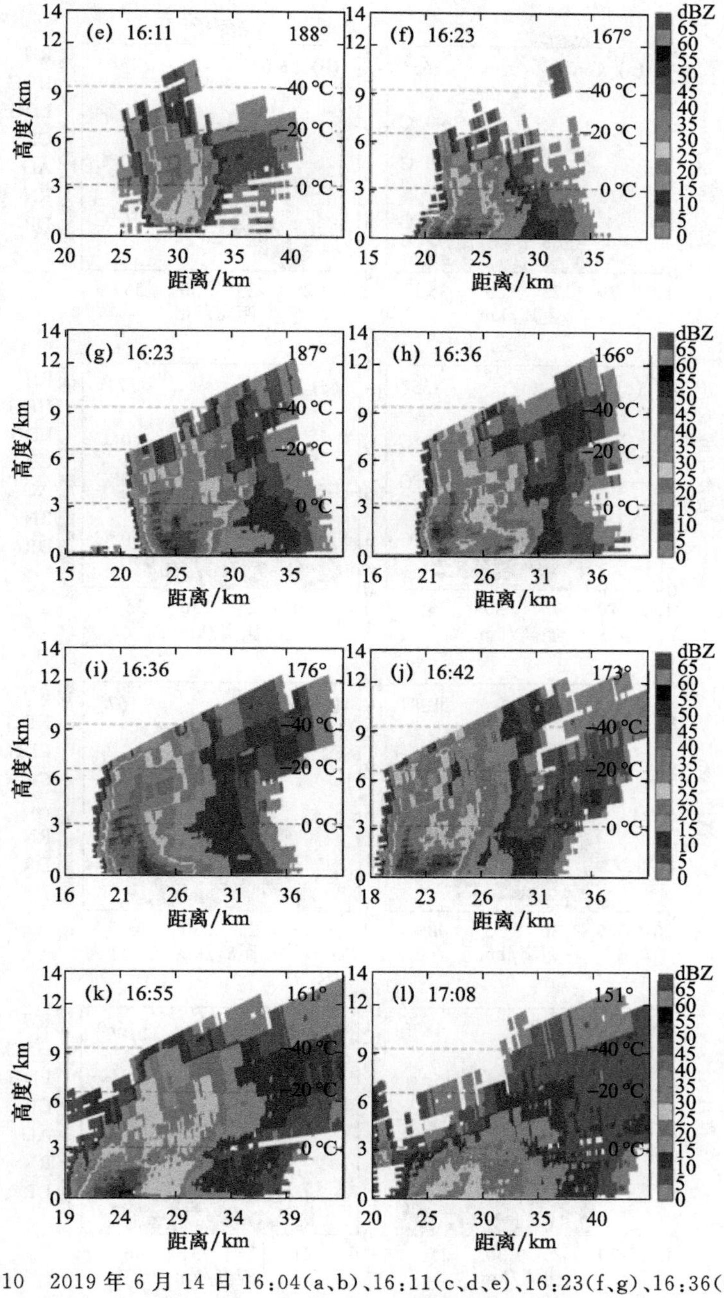

图 6.10　2019 年 6 月 14 日 16:04(a、b)、16:11(c、d、e)、16:23(f、g)、16:36(h、i)、16:42(j)、16:55(k)、17:08(l)时刻单体的径向剖面反射率

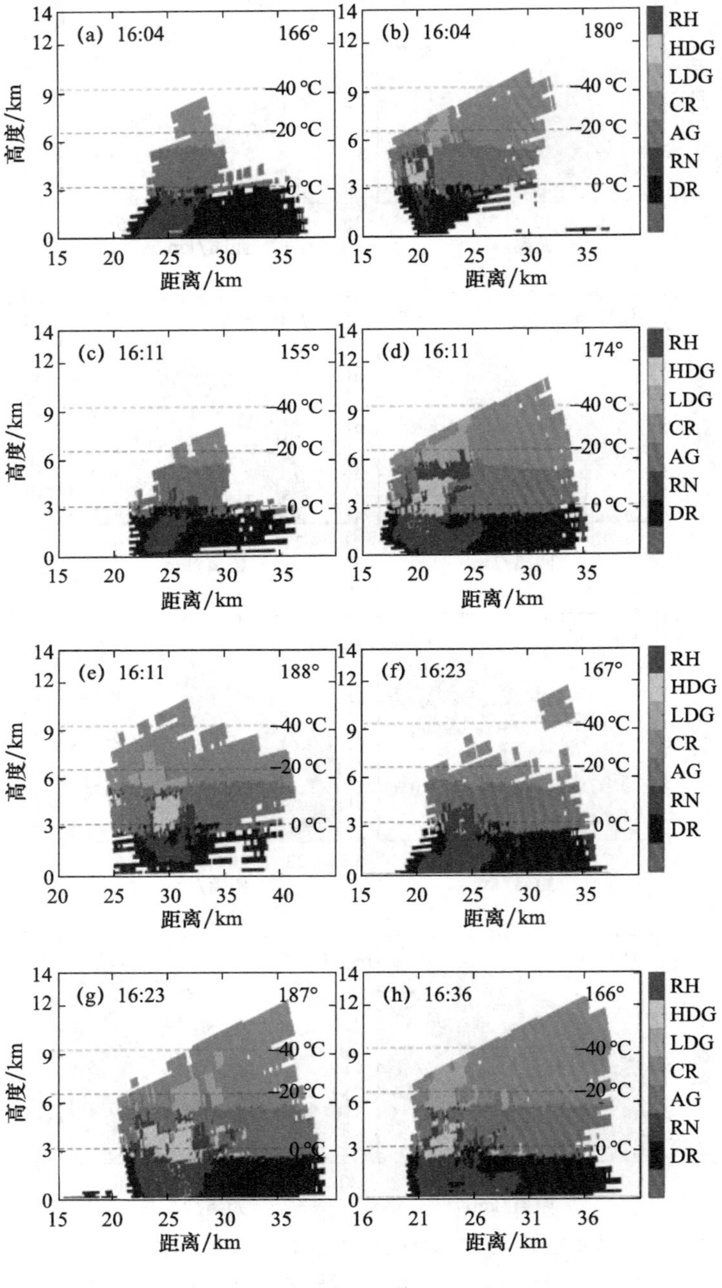
(a) 16:04 166°
(b) 16:04 180°
(c) 16:11 155°
(d) 16:11 174°
(e) 16:11 188°
(f) 16:23 167°
(g) 16:23 187°
(h) 16:36 166°
-40 °C
-20 °C
0 °C
高度/km
距离/km
RH
HDG
LDG
CR
AG
RN
DR

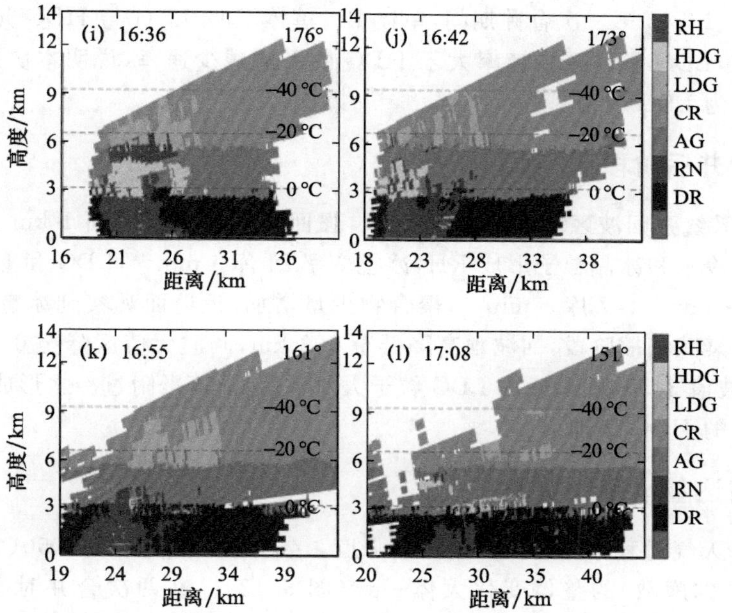

图 6.11 2019 年 6 月 14 日 16:04(a、b)、16:11(c、d、e)、16:23(f、g)、16:36(h、i)、16:42(j)、16:55(k)、17:08(l)时刻单体的径向剖面粒子识别结果

大粒子下落凇附过冷水形成 HDG 粒子，HDG 增长至 290 库。单体 A、单体 B、单体 C 均观测到 TBSS 现象。

16:23 单体 A、单体 B 合并结束，此时单体 B1 回波大值区位于低空，空中大直径粒子下落，各水成物粒子均不同程度的减少。在 16:04—16:23 第一次合并期间，单体 A 整体呈衰减趋势，单体 B 持续增强。单体 A 固态降水的位置基本与连接处重合，说明单体 A 的出流加强了低层暖湿空气的抬升，加强了雷暴气流的水平旋转程度，使雷暴发展加强，其中单体 B 的 LDG 在此期间增长最快。

16:23—16:42 为单体 B1、单体 C 合并阶段。16:23 单体 B1 与单体 C 间出现云桥，连接处位于 5～8 km，单体 C 有 TBSS 出现，0 ℃环境层以下识别出冰雹粒子，地面观测到冰雹，冰雹从上一探测时刻的 343 库减少至 125 库。

16:36 单体间的连接处加宽，12°的径向速度场有弱气旋环流出现。单体 B1、单体 C 的大部分回波区位于－20 ℃环境层以下，单体 C 强回波带范围增大，回波顶高发展到 10 km，有大面积的大于 45 dBZ 的强回波触地，HDG 变率为－32 库 · min^{-1}，LDG 变率为－100 库 · min^{-1}，有少许大 HDG 粒子下落穿过 0 ℃环境层以下环境层融化，形成雨夹雹。

16:42 合并完成，对流低层存在一个大值中心，达 50 dBZ，无超过 30 dBZ 的回波位于－20 ℃环境层，上升气流减弱。

16:23—16:42 第二次合并期间，单体 B1、单体 C 的 LDG 与 HDG 先减后增，且在降雹期间，LDG 平均减少速率大于 HDG 的平均减少速率，说明本次过程中冰雹的主要来源为 LDG 粒子。

6.3.2 合并后阶段

16:55 系统强回波区域减少(图 6.11)，强回波区位于近地面 1 km 处，有 HDG 粒子吸收过冷水和冰晶粒子形成 RH，冰雹变率 21 库 · min^{-1}，LDG 和 HDG 变率分别为 13 库 · min^{-1}、47 库 · min^{-1}，聚合物少量增加，近地面观察到冰雹。17:08 对流单体处于衰减消散阶段，回波顶高降低至 5.2 km，回波大值区降至 0 ℃环境层以下，最大回波值 34.5 dBZ，云内 LDG 粒子大量下落，下落淞附过冷水形成，使得 0 ℃环境层附近的 HDG 增加。

6.3.3 雷达基本参量特征

该雹暴天气过程中，D40(雷达回波强度≥40 dBZ 的库数)与 D50(雷达回波强度≥50 dBZ 的库数)的整体变化大体一致(图 6.12)。在两次合并时间段内，D40

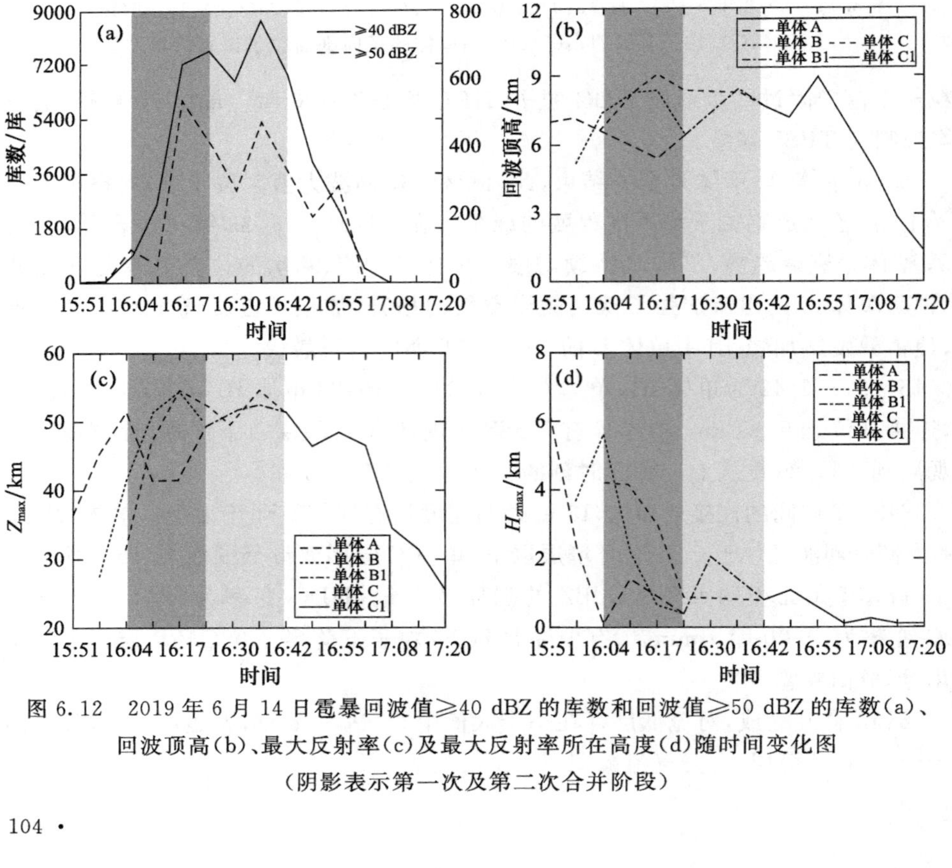

图 6.12 2019 年 6 月 14 日雹暴回波值≥40 dBZ 的库数和回波值≥50 dBZ 的库数(a)、回波顶高(b)、最大反射率(c)及最大反射率所在高度(d)随时间变化图
(阴影表示第一次及第二次合并阶段)

与 D50 的大体变化呈增加趋势，但两者峰值出现时间不同，D40 峰值出现在第二次合并阶段 16:36 时，D50 峰值出现在第一次合并阶段 16:17 时，均是合并加强系统发展的结果。第一次合并阶段，单体 A 的大粒子下落造成 16:11 时的 D50 减少，第二次合并过程中 16:30 时出现了 D40 与 D50 突降现象，该时刻的单体 C 的最大回波减少。在合并结束后，16:55 时，受环境新生对流影响，D50 出现了明显的增长，有冰雹粒子形成，系统的发展得到加强，此后系统逐渐衰落。3 单体的发展情况不同，以及单体间的合并加强是造成 D40 与 D50 两者峰值不同的主要原因，其中单体 A 降水是第一次合并的主要动力，第二次则是由于单体 B1 和单体 C 两者共同作用。

6.3.4　系统动力场变化

合并期间，V5、V10 存在较大的起伏，系统的 Max Vvc（径向速度垂直分量最大值）一直维持较大值，合并后的 16:55，Max Vvc 再次增加，之后下降。合并期间的单体的 Max Vvc 值均很大。第一次合并期间，连接处受单体 A 与单体 B 影响迅速发展，其中单体 A 降水产生的较强下沉气流占主要作用，单体 A 主体部分呈现衰减，单体 B 则逐步加强，期间单体 C 也迅速发展，16:11 出现单体 C 的 Max Vvc 极大值。第二次合并期间，16:30 出现 V5、V10 的极大值，此时空中大粒子大量积累，下一探测时刻有冰雹下落，系统的动力依旧很强。16:36 单体 C 出现降雹，使得单体 C 的 Max Vvc 减少。合并结束后，16:55 系统的 Max Vvc 值再次增大至 4.67 $m \cdot s^{-1}$，系统的抬升气流得到增强，回波顶高略微上升，有 HDG 淞附冰晶或过冷水生成 RH 下落，穿过上升气流下落，近地面观察到冰雹（图 6.13）。

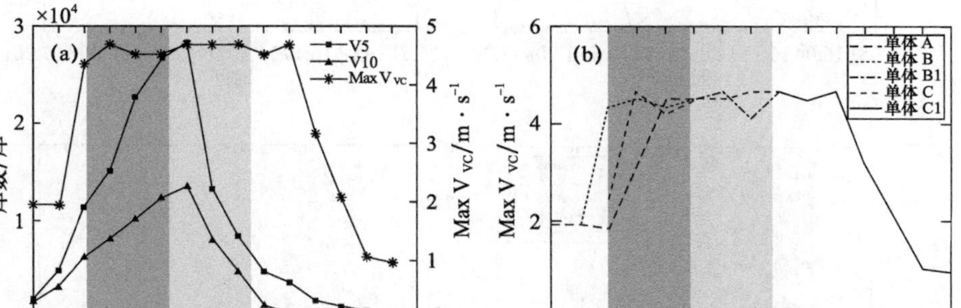

图 6.13　2019 年 6 月 14 日雹暴径向速度＞5 $m \cdot s^{-1}$ 的库数（V5）、径向速度＞10 $m \cdot s^{-1}$ 的库数（V10）、系统径向速度垂直分量最大值（Max Vvc）随时间变化（a），各单体径向速度垂直分量最大值（Max Vvc）随时间变化（b）（阴影表示第一次及第二次合并阶段）

6.3.5 关键水成物粒子演变

图 6.14 为 2019 年 6 月 14 日雹暴天气中各类水成物粒子数量随时间的变化。分析发现：第一次合并期间，单体 A 空中已有少量雹胚粒子，合并初始时刻加强的上升气流使得有少量的 RH 粒子形成，但由于形成的冰雹粒子直径较小，0 ℃环境层较高，RH 在下落过程中融化，造成 HDG 与 LDG 的增加，形成降雨。单体 B 在此期间受较强的抬升气流作用，高空形成大量的冰晶，CR 加速淞附，SWA 增加了 LDG 数量，部分 LDG 进一步转化为 HDG，造成 HDG、LDG、CR 3 类粒子的增加。单体 C 则在第一次合并期间快速增长，空中有大量 LDG、HDG 粒子。第二次合并期间，16:23 和 16:30 均观察到降雹情况，但两次情况却有所不同。16:23 单体 C 的 HDG 与 LDG 向 RH 转化的小于 RH 下落的速率，RH 减少。16:30 连接处的上升气流进一步加强，有 RH 粒子形成，由于单体 C 的主要上升气流区减弱，RH 的形成受限，RH 整体数量增加。加强的抬升气流使得单体 B 发展增强，形成的少量霰粒子，未形成降雹。合并结束后，16:55 有 HDG 粒子转化成 RH 粒子下落。

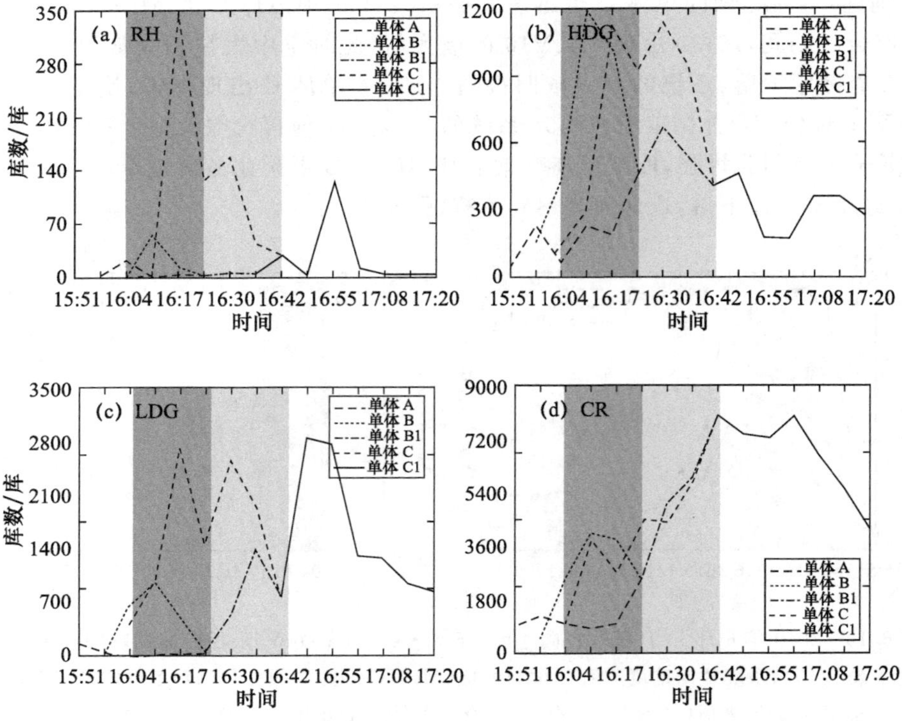

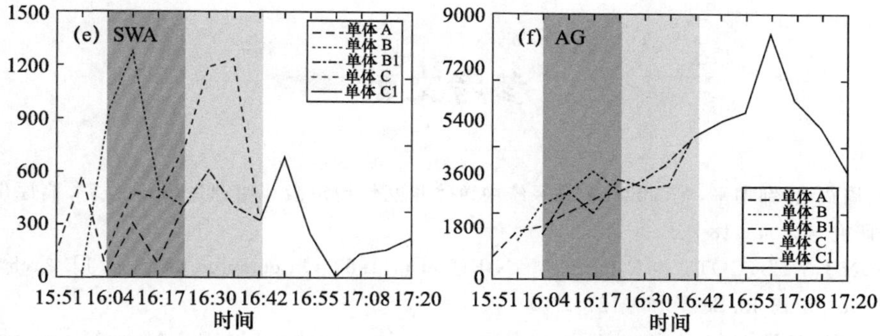

图 6.14　2019 年 6 月 14 日单体 A、B、B1、C、C1 的冰雹(RH)(a)、高密度霰(HDG)(b)、低密度霰(LDG)(c)、冰晶(CR)(d)、过冷水(SWA)(e)、聚合物(AG)(f)粒子随时间变化（阴影表示第一次及第二次合并阶段）

两次合并均加强了系统的发展，各单体对降雹的贡献却不一致。第一次合并，单体 A、单体 B 均未产生降雹，当连接处的发展为第二次降雹提供了 LDG、HDG 粒子。在第二次合并发生前，单体 C 中已存在大量 RH 粒子，合并阶段的加强上升气流使单体 C 中的大量 RH 粒子下落，且在降雹过程中，LDG 的整体减少量是 HDG 的 3 倍。合并结束后，系统存在短时快速增长阶段，增加了 HDG 生成 RH 的过程，当空中 RH 数量增加到一定程度时，且其消耗 SWA 的速度超过高空 SWA 的形成速度时，造成 SWA 的减少。总的来说，LDG 是合并期间的冰雹形成主要来源，合并后 HDG 是冰雹形成主要来源。

6.3.6　多次合并雹暴概念模型

多次合并雹暴概念模型见图 6.15。第一次合并，连接处出现在 3～5 km 处，一个单体处于降水阶段，下沉气流占主导，霰粒子减少，另一个单体初生，单体内上升气流占主导，粒子数大量增加，出现闪电，且有少量正闪。第二次合并阶段，连接处出现在 5～8 km 处，为两个单体提供大量 LDG，空中 RH 不断积累至降落，闪电减少。合并结束后，系统动力变弱，单体内的 HDG 淞附 SWA 形成冰雹，正负地闪均短时增多。

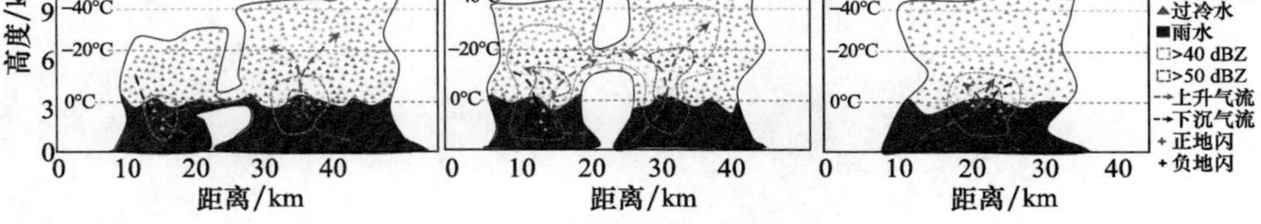

图 6.15　多次合并雹暴概念模型

参考文献

陈秋梅,周筠珺,邹书平,等,2022.雹暴系统中单体相互作用宏微观物理过程研究[J].高原山地气象研究,42(04):18-26.

SIMPSON J,WESTCOTT N E,CLERMAN R J,et al,1980. On cumulus mergers[J]. Arch Meteor. Geoph. Biokl. Set A,29(12):1-40.

WESTCOTT N E,1984. A historical perspective on cloud mergers[J]. Bul Amer Meteor Soc,65:219-226.

第7章 人工防雹作业及其观测

由于冰雹形成过程复杂，目前对其预报手段仍存在一定的局限性，而人工防雹的效果检验较为困难，特别是针对作业后冰雹云微观物理响应特征观测分析尚不足。这里以贵州省威宁地区典型雹暴为研究对象，对其防雹作业前后雹云宏观响应及云内粒子演变特征进行研究，验证播撒效果及防雹理论，建立相应的防雹物理概念模型，为当地的人工防雹作业提供更多依据。

7.1 人工防雹假设原理

根据对雹云内环境的影响，人工播剂的类型可分为冷却剂（干冰、丙烷）、吸湿剂（氯化钠）和成冰剂（碘化银）（Kovačevi，2019）。20 世纪 60 年代，苏联根据 Sulakvelidze 提出的“累积带”冰雹生长理论和“过量播撒”防雹理论进行了大量的作业，且效果显著，但该理论应用在美国和欧洲的防雹试验中却收效甚微（Foote et al.，1979；Federer et al.，1986）。因此，在 20 世纪 70 年代美国国家冰雹试验（NHRE）中，防雹播撒所依据的物理模型仅保留了苏联模型的某些特征。此外，基于冰雹的形成机制，学者们根据观测和试验更是提出了众多防雹假说。1995 年世界气象组织（WMO）将这些研究总结为 6 种防雹理论，即“利益竞争”“爆炸效应”“早期降雨”“云水冻结”“轨迹降低”和“促进合并”（WMO，1995）。在这几种防雹理论中，“利益竞争”被认为是最有效可行的。所谓的“利益竞争”是向云中播撒人工冰核，通过其核化作用来产生毫米级大小的人工雹胚。这些雹胚可在云中与自然雹胚“争食”过冷水，从而抑制大冰雹的产生。在观测和试验中被认为与“利益竞争”同样可行的理论还有“爆炸效应”“云水冻结”和“早期降雨”等，但随着现代探测技术的发展，防雹理论仍需要在科学、客观的人工防雹效果检验中不断验证和完善（Schickedanz et al.，1970）。

7.2 人工防雹的效果检验方法

人工防雹的效果检验方法主要有统计检验法、物理检验法和数值模拟检验法等。国外早期的冰雹抑制项目结果表明，播撒可以增加冰雹天数和20%～40%的降雨量，可以减少70%或50%的冰雹能量(Dessens et al.,2016)。由于许多项目存在一定的商业性，许多学者将冰雹保险费率和作物经济产量作为人工防雹效果的评估依据，利用雹灾损失保险数据与历史冰雹数据来对防雹效果进行统计评估(Changnon et al.,1977;Sonka et al.,1977;Simeonov,1996)。统计检验方法一般只能说明某地区某段时期在实施人工防雹整体上是有效的，而不能排除某个过程防雹作业并没有产生效果，甚至效果为负。现阶段的防雹作业效果检验旨在进一步提升防雹水平，将研究应用到改善实际作业中从而实现防灾减灾，因此对具体防雹过程来说，物理效果检验相较于统计检验来说更具有优势。目前，随着观测手段的发展，与冰雹物理特征密切相关的雷达参数常被用来分析冰雹的播撒效果。在加拿大阿尔伯塔省的播云项目中，雷达观测结果表明，作业雹云的强回波区(雷达反射率>60 dBZ)和最大垂直积分液态水含量(VIL)明显小于未作业雹云(Gilbert et al.,2016)。我国的一些研究结果也表明作业后雹云30 dBZ、45 dBZ强回波高度和回波顶高明显降低，回波强度、回波面积和VIL值减小，防雹作业对雹云的宏观发展有显著的抑制作用(李连银，1996;李培仁 等，2002)。

人工防雹对雹云动力学和微物理过程均会产生影响(Browning et al.,1977)。西班牙和阿根廷通过飞机携带的云物理仪器分析了雹云播撒后的微物理响应，结果表明，播撒后云层中的过冷水减少，冰浓度增加(Krauss et al.,2000)。为了观测播撒后云内的微物理响应，美国南达科他州的冰雹抑制项目在催化剂中添加了惰性气体示踪剂和雷达箔条，并用飞机和雷达携带的气体分析仪对其进行观察(Detwiler,2002)。近些年，双线偏振雷达逐渐应用于天气探测。由于双线偏振雷达的偏振参数对粒子形态的变化比较敏感，因此其在揭示播撒后雹云中微物理和热动力学的变化方面发挥着重要作用(Heinselman et al.,2006)。根据冰雹尺寸、相态和冰雹下落翻滚时造成的各向同性等特点，冰雹形成区通常具有高水平反射率、低差分反射率和低相关系数的典型偏振特征(Snyder et al.,2013)。基于双线偏振雷达的人工防雹微物理响应分析表明，防雹作业区相较于对照区有水平反射率减小，差分反射率和相关系数增大等偏振参量的变化，作业可有效抑制冰雹胚胎成长为冰雹的过程。因为不同雹云的微物理过程本身存在差异，人工播撒的效果受雹云类型、冰雹形成机制和环境条件等多种因素的影响，所以其中某一种防雹假说并不普遍适用(Browning et al.,1977)。对于多单体雹云来说，其各单体之间相互影响，比普通单体更为复杂的冰雹生长机制、雹胚运动轨迹及播撒效应，使其寻求有效的防雹方式更为困难。上述很多研究仅展现了作业后雹云雷达参量的变化特征，缺乏对雹云防雹作业前后的宏观和微观物理响应特征的系统研究，以及对物理参量变化背后所涉及的防雹假设的验证。

7.3　人工播剂的扩散

以下人工防雹作业过程中的作业工具均为 WR－98 型人工防雹增雨火箭，该火箭携带 BR-91-Y 型碘化银(AgI)焰条，以焰条燃烧的方式进行播撒研究表明，自然冰雹的形成周期约为 15 min，AgI 催化剂入云 5 min 左右，90%的核可以完成核化，人工冰核在 10 min 内可生长至与自然雹胚尺度相当的胚粒子。为探究人工播撒对云内冰雹生长微物理过程的影响，在微观响应特征分析时选用播撒实施后约 15 min 内的雷达参量值。

对于该时段内人工播剂在雹云中的扩散，根据已有的模拟结果(周毓荃 等，2014)，火箭在冰雹云中对催化剂的播撒过程可看作瞬时线源，播撒 10 min 和 30 min 后显著有效区(冰核浓度为 104 个・m^{-3})的宽度分别约为 3 km 和 4.8 km。此外，水平风场会使催化剂在扩散的同时不断向下风向移动，为保证目标催化区能够被充分催化，在作业时多采用多线源播撒。在扩散、湍流和上升气流输送的共同作用下，整个目标催化区域可被人工播剂完全覆盖。多线源总体的扩散规律与单线源是基本一致的，其扩散范围在一定时间段内(30 min)差异较小(申亿铭 等，1983)。综上所述，多枚火箭作业约 15 min 后，雹云显著有效区范围宽度大于 3 km，可保证播撒路径周围 3 km 内的催化剂浓度大于 104 个・m^{-3}，满足防雹作业过量催化的需求。

7.4　多单体雹暴人工防雹作业的物理效果检验

这里对贵州省威宁地区 2019 年 4 月 27 日发生于高空短波槽前的多单体防雹作业物理响应特征个例进行分析，所用的雷达和相关资料及其处理方法见第 4 章与第 5 章。

7.4.1　作业前雹云特征及作业信息

在防雹过程中，作业开展之前根据雷达探测信息了解雹云结构特征以及云内目标催化区域的位置，并据此确定作业时间、方位及用弹量等作业信息。该过程为多单体雹暴，在其发展过程中出现两个单体对流中心，防雹作业针对其中一个单体实施，另一单体因错过最佳作业时间，在前一单体作业后一段时间未被播撒，因而将未作业的另一个单体作为对照单体。为了便于描述，将作业单体记作单体 1，对照单体记作单体 2。单体 2 生成于单体 1 东北侧，两者具有相同的环流背景与相似的雹云结构，作业期间两单体中心相距约 13 km，单体 2 的发展过程在短时间内可看作自然过程。

单体 1 作业前距离 YLD1-D 雷达约 25 km，为了解冰雹形成及其增长关键区的宏微观物理特征，在研究时选用 6.2°与 8.7°仰角的探测资料。雷达探测显示，单体 1 的初始回波在 18:13 出现在−10 ℃层左右，随着雹云发展回波逐渐向下延伸，并于 18:27 左右接地（图 7.1）。18:47 雹云回波呈团状（图 7.2），强回波中心 $Z_H \geqslant 40$ dBZ，回波顶高延伸至−20 ℃以上，雹云正处于发展阶段。饲养单体位于主单体前方 3～5 km 高度处，−5 ℃层附近的最强回波的 $Z_H \geqslant 45$ dBZ。随着雹云发展饲养单体逐渐向主单体合并，饲养单体中初始形成的雹胚被输送至主上升气流中进一步增长。合并后主单体迅速增强，−10 ℃至−20 ℃层之间出现 $Z_H \geqslant 45$ dBZ 的强回波中心（图 7.4 b1），表明此时主单体高层存在大量的雹胚。

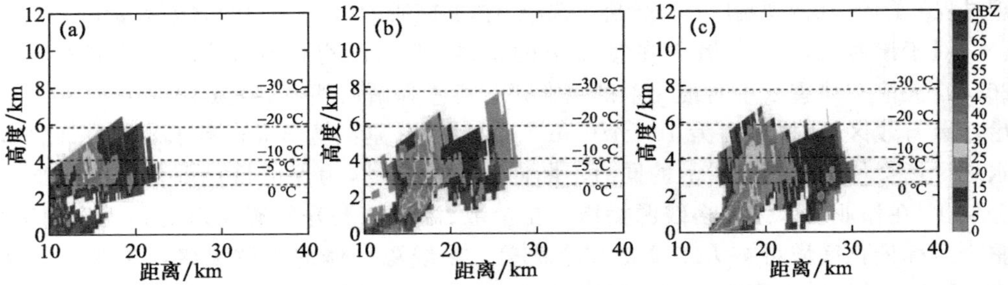

图 7.1　单体 1 作业前 Z_HRHI（沿最强反射率）演变特征

（a）18:13；（b）18:20；（c）18:27

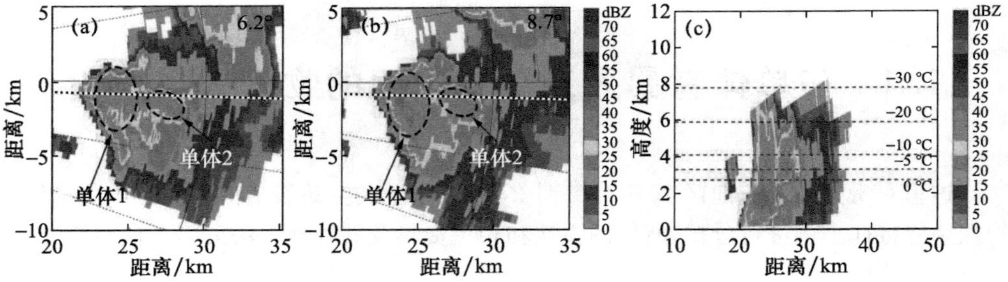

图 7.2　单体 1 18:47 时 Z_HPPI 及 RHI 特征（Lu et al.，2023）

（a）6.2°仰角 PPI；（b）8.7°仰角 PPI；（c）RHI，虚线为剖线方位

雷达双偏振特征显示，雹云高层（8.7°）的反射率高值区对应的 Z_{DR} 值主要在−0.5～1.5 dB，K_{DP} 值小于 0.5°·km^{-1}，ρ_{HV} 值在 0.85～0.96。上述结果为冰雹形成区典型的偏振特征（Kennedy et al.，2014；Picca et al.，2012），表明此时雹云该区域内主要为小雹和低密度霰粒子。其中部分 Z_{DR} 值大于 1.5 dB，K_{DP} 值偏大的地区存在雹粒子和过冷雨滴的混合物。低层（6.2°）高反射率区中的大部分区域 Z_{DR} 大于 0，K_{DP} 大于 1°·km^{-1}，ρ_{HV} 介于 0.94～0.98，该区域主要为高密度霰与过冷雨滴。指挥人员根据雷达探测、WR-98 型火箭性能和作业技术要点，结合威宁地区高空风况进

行风修正后确定本次防雹作业的方向、仰角和用弹量如表 7.1 所示。火箭在雹云内的水平、垂直大致播撒轨迹如图 7.3 所示。人工播剂沿火箭轨迹扩散，播撒轨迹长度约 5 km，穿过约 3 km 厚的云层。人工播剂在扩散作用、湍流与上升气流输送的作用下，15 min 内可覆盖整个作业目标区。

表 7.1　单体 1 人工防雹作业信息

作业站点	作业时间	作业工具	作业仰角	作业方位	用弹量
羊街	18:56—18:57	WR-98 火箭	60°	138°	9 枚

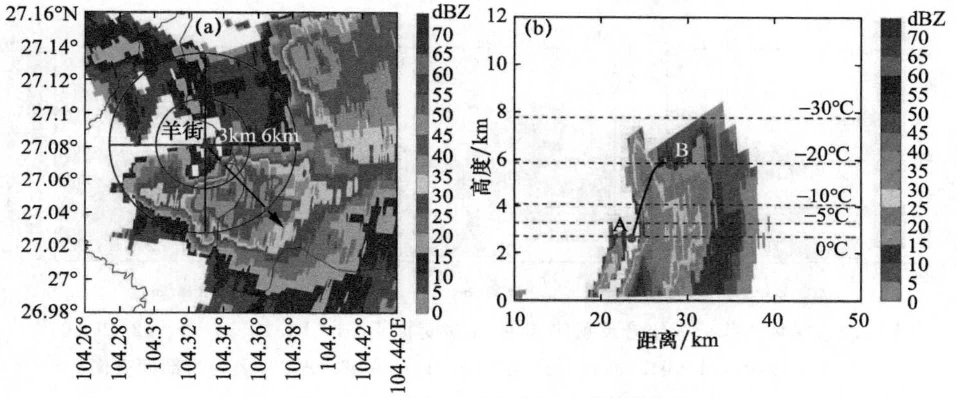

图 7.3　羊街作业火箭水平和垂直方向轨迹示意图

(a)水平；(b)垂直。(黑色圈为火箭平均有效射界，黑色箭头为火箭发射方位，A、B 点为催化剂播撒起止位置)

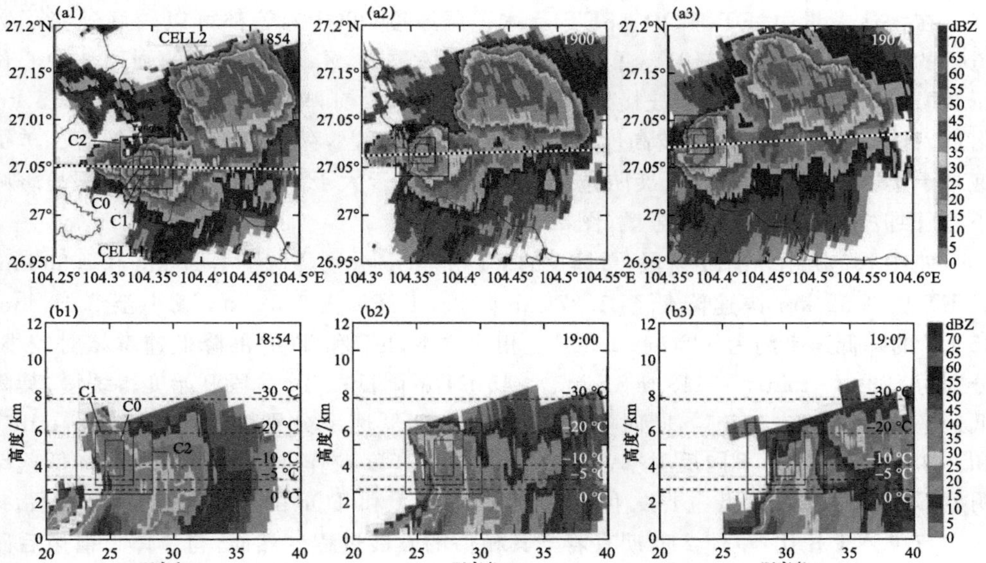

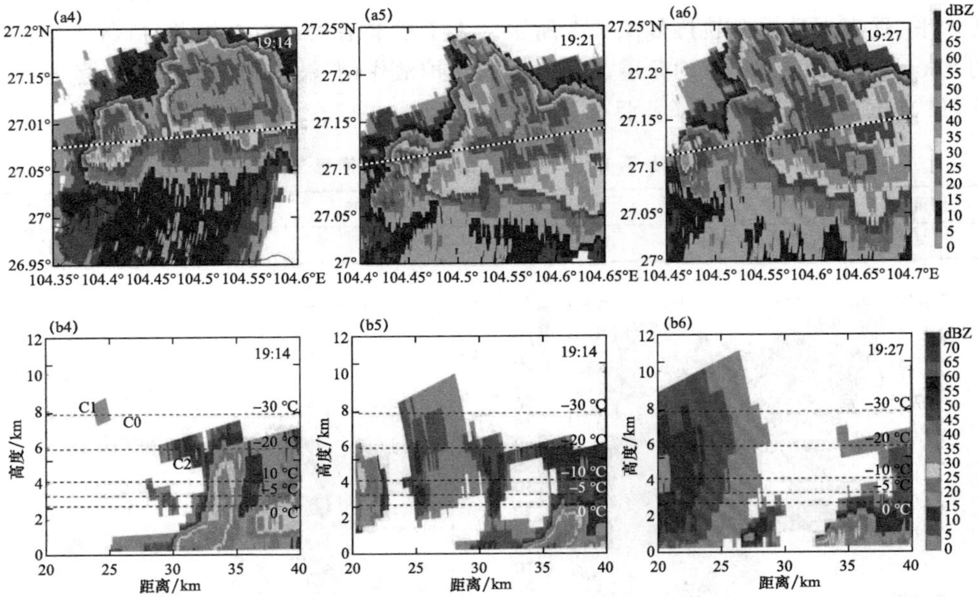

图 7.4　单体 1 作业后组合反射率和 RHI 演变特征(a1—b1. 18:54,a2—b2. 19:00,a3—b3. 19:07,a4—b4. 19:14,a5—b5. 19:21,a6—b6. 19:27,虚线为剖面方向,黑框表示 C0、C1 和 C2,Lu et al.,2023)

7.4.2　作业后雹云宏观物理响应特征

在雷达参量中,ET、TOP、45ET 及冰雹层厚度(TOP0)等都可以较好地指示冰雹云的发展(王莎 等,2019)。单体 1 开始对流发展时,$Z_H \geqslant 45$ dBZ 的强回波中心位于 0 ℃层以上,45 ET 在回波接地后迅速增长。作业前,单体 1 倾斜发展至 7.5 km 附近,且 $Z_H \geqslant 45$ dBZ 的回波高度延伸至 −20 ℃层以上,存在较大的降雹风险。羊街炮站于 18:56 时对单体 1 开展防雹作业,作业后雹云大于 30 dBZ 的回波面积显著减小,强回波中心减弱并逐渐分散(图 7.4)。

如图 7.5 所示,在 T1 阶段,单体 1 的 ET 和 TOP 分别降低了 1.47 km 和 1.36 km。45 ET 从 3.52 km 快速降低至 1.27 km 附近,TOP0 从 3.52 km 减小至 2.16 km。45 ET 的降低速率约为 338 m·min^{-1}。相比之下,ET 和 TOP 的降低速率相对较小,分别为 123 m·min^{-1}和 113 m·min^{-1}。45 ET 的降低在 T2 阶段开始变得缓慢,其降低速率仅为 71 m·min^{-1},同时 ET 和 TOP 的降低速率分别增加至 186 m·min^{-1}和 214 m·min^{-1}。不同反射率强度对应的回波高度在作业后两个时期的降低速率明显不同,45 ET 的降低主要发生在 T1 时段,而 ET 和 TOP 的降低主要在 T2 时段。

与单体 1 相比,单体 2 前期有着与其相似的发展过程。然而,与单体 1 播撒后回

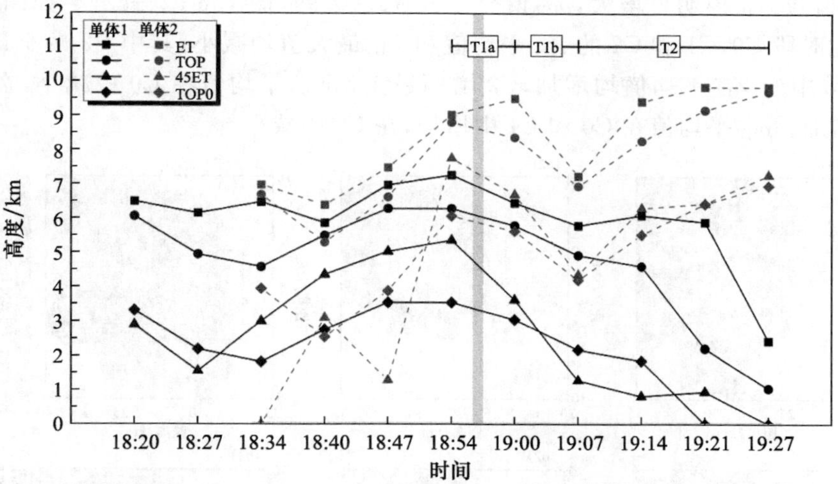

图 7.5　单体 1 作业前后回波高度演变特征(阴影区域表示播撒时间,Lu et al.,2023)

波高度变化不同的是,单体 2 发生自然降水后的两个雷达体扫时间内,其 ET、TOP 和 45 ET 的降低速率差异较小,分别为 148 m·min^{-1}、156 m·min^{-1}和 283 m·min^{-1}。此外,单体 2 的 TOP 和 45 ET 在降水后仍维持在较高高度,使其在有利的天气背景下能够再次迅速发展起来。上述结果表明,播撒雹云回波高度的变化不论是与未播撒雹云相比,还是与其自身不同时段相比均存在差异。然而,由于不同雹云的自然演变过程本就不同,以上雹云宏观变化特征的差异可能不仅仅是播撒造成的。人工播剂是否会对云内过程产生影响,仅通过宏观观测分析无法得知。因此,还将通过对雹云播撒关键区内偏振特征和粒子识别结果的分析来进一步探究播撒效应。

7.4.3　作业后雹云微物理响应特征

双线偏振雷达可以同时发射和接收水平、垂直两个方向的电磁波,并通过雷达系统的分析得到一些偏振参量。这些偏振参量在一定程度上可以展现云内水成物粒子的相态、大小和形状等特征,从而可以利用雹云偏振特征的变化来探究人工播撒后,雹云内的微物理响应。对自然雹云双线偏振特征的研究表明,较高的 Z_H 值、接近于 0 的 Z_{DR} 值和较低的 ρ_{HV} 值以及“Z_{DR} 柱”上方的负 Z_{DR} 值区(−2～0 dB)可被用来识别云内的冰雹形成区(Kumjian,2013)。为分析人工播撒前后冰雹形成区偏振特征的变化,根据雹云与雷达之间的距离,随着雹云质心的降低分别选择 8.7°、7.5°和 5.25°仰角的观测资料。

在 T1a 时段,随着雹云回波顶高和质心的降低,7.5°仰角上 Z_H 最大值对应的区域，Z_{DR}值与 K_{DP}值明显增大，ρ_{HV}值介于 0.94～0.99（图 7.6 a2—d2）。如图 7.7 所示，在此时段 C0、C1 和 C2 的 Z_H 平均值和 Z_H 最大值均减小，其中 C2 减小最明显。3 个区域中的 Z_{DR}平均值均增加，C2 增幅最大。K_{DP}平均值在 C0 中减小，在 C1 和 C2 中增加。ρ_{HV}平均值在 C0 和 C1 中增加，在 C2 中减小。

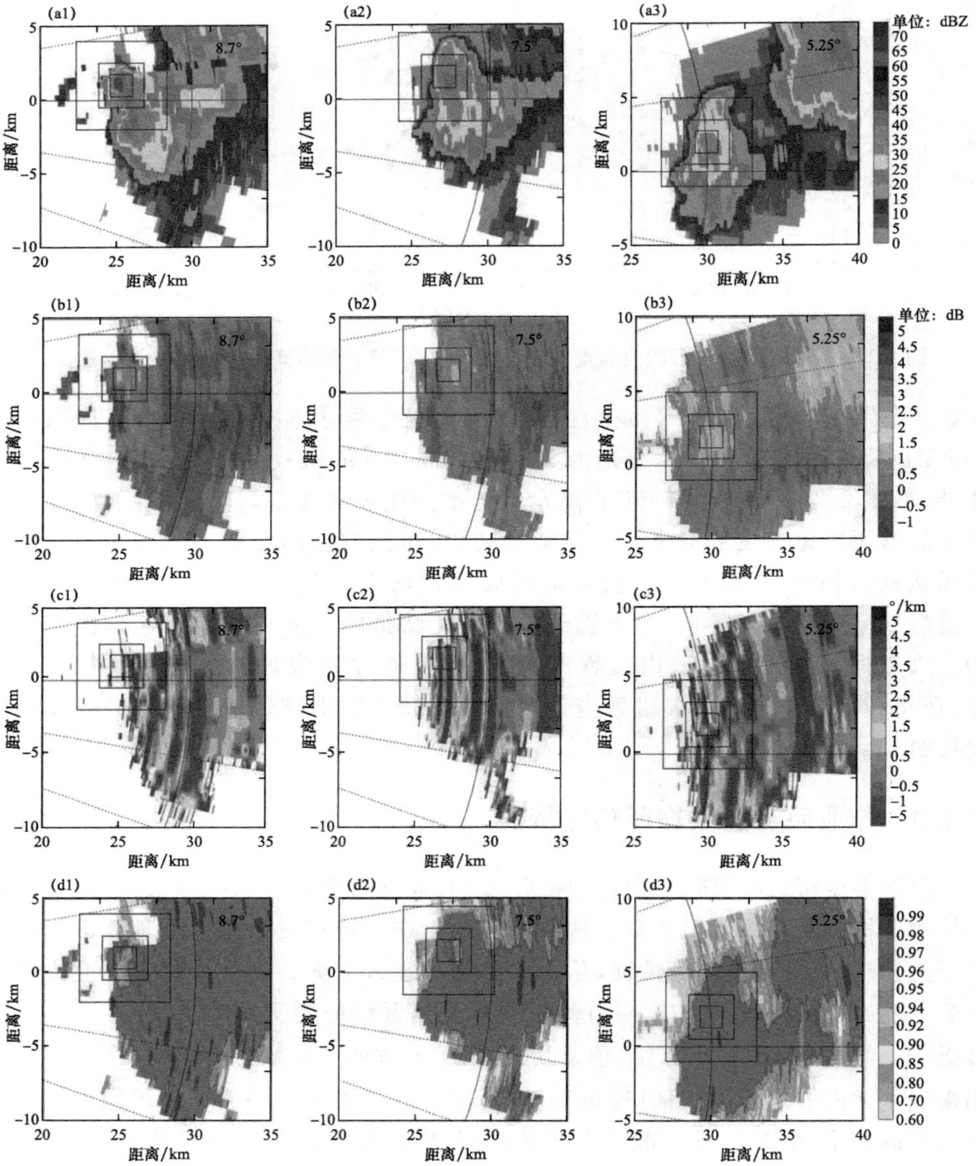

图 7.6　单体 1 T1 时段各仰角水平偏振参量的演变特征

（a1—d1. 18:54；a2—d2. 19:00；a3—d3. 19:07，仰角如图中标示，黑框表示 C0、C1 和 C2）

在 T1b 时段，雹云的回波高度继续降低。5.25°仰角上 Z_H 最大值小于 40 dBZ，ρ_{HV}值大于 0.97，Z_{DR}与 K_{DP}大值区的面积增大（图 7.6 a3—d3）。如图 7.7 所示，C0 中 Z_H 平均值和 Z_H 最大值的减幅超过 C1 和 C2。Z_{DR}平均值的增加幅度与 T1a 时段相近，其中 C1 中的增幅最大。C0 中 K_{DP}平均值的变化趋势保持不变，变化幅度减

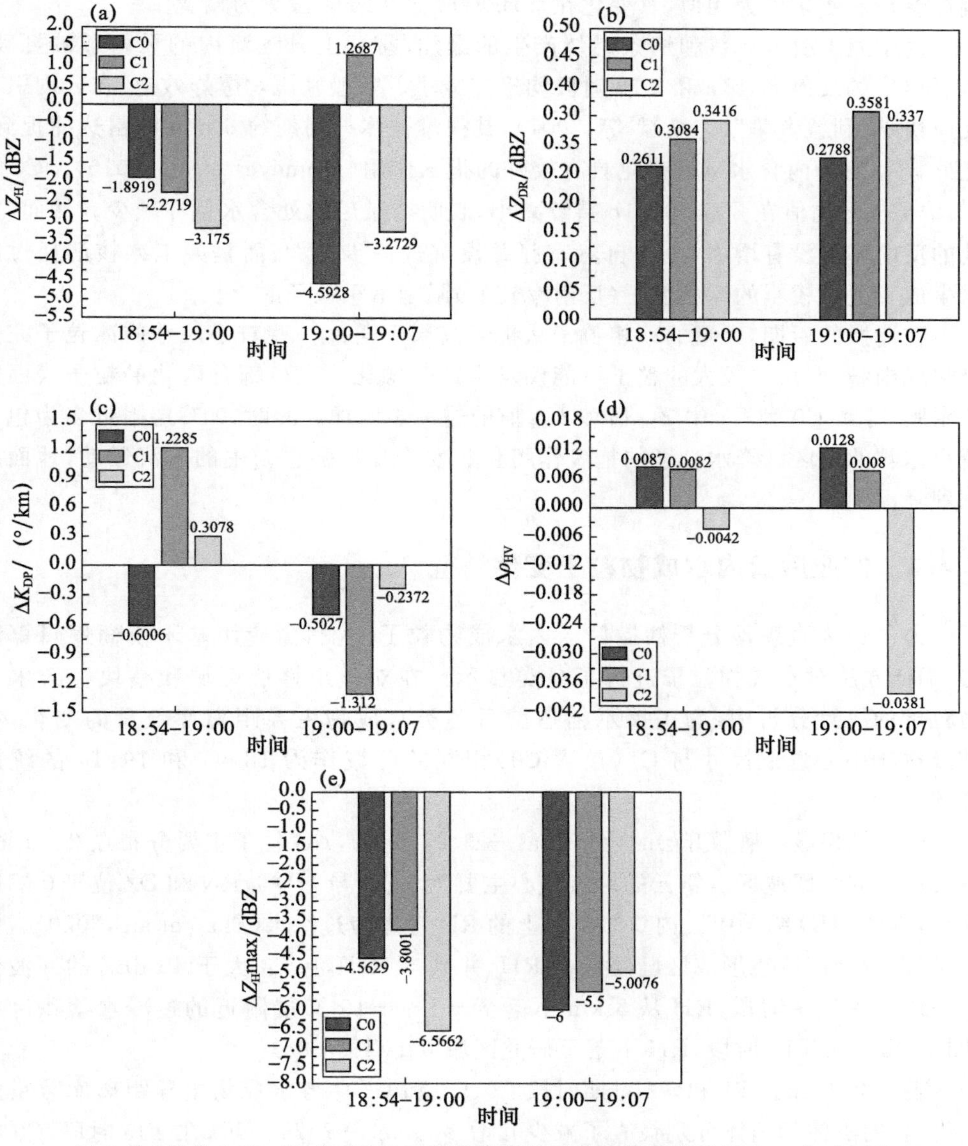

图 7.7　单体 1 C0、C1 和 C2T1 时段偏振参量平均值演变特征（Lu et al.，2023）

（a）Z_H；（b）Z_{DR}；（c）K_{DP}；（d）ρ_{HV}；（e）Max Z_H

小。C1 和 C2 中 K_{DP}平均值开始减小，并且其变化幅度与 T1a 时段相反。C0 和 C1 中的 ρ_{HV}平均值继续增加，且 C0 中增幅最大。C2 中的 ρ_{HV}平均值继续减小。与 C0 和 C1 相比，在播撒时段 C2 中 Z_H 平均值、Z_H 最大值的减幅和 Z_{DR}平均值的增幅基本保持不变。此外，C0 和 C1 中 ρ_{HV}平均值的变化趋势和 C2 是相反的。C0 和 C1 中偏振参量的变化更为相似，其变化在 T1b 时段比 T1a 时段更为显著。

由于人工引入冰核和焰条燃烧产生的爆炸，雹云上升气流内的平衡态被打破。C0 和 C1 的反射率 T1a 和 T1b 时段均迅速减小。一般来说，"爆炸效应"在云内引起反应快于"利益竞争"（许焕斌 等，2001），其很难被体扫周期约 6 min 的雷达捕捉到。此外，K_{DP}对云内含水量的变化具有较好的指示作用（Homeyer et al.，2015）。C0 和 C1 中 K_{DP}平均值在 T1a 和 T1b 持续减小，表明播撒后此处含水量在减少。然而，此处的反射率并没有增加，说明自然雹胚并没有进一步长大，而是人工冰核消耗过冷水生成了更多较小的冰相粒子（反射率较低）限制了雹粒子的生长。

在播撒的后期，大量的冰相粒子从雹云高层下落。一些较小尺寸的冰粒子完全融化成雨滴，而尺寸较大的粒子可能仅发生部分融化。发生部分融化的粒子表面覆盖水膜，导致 C0 和 C1 中 Z_{DR}值和 K_{DP}值的进一步增加。此时，0 ℃层附近多为包含着小冰粒的雨区。降水粒子的拖曳作用和蒸发冷却加强雹云中的下沉运动，地面观测到降雨。

7.4.4　作业后云内水成物粒子变化特征

为了更为直观地分析播撒后云内水成物粒子的变化，应用基于模糊逻辑算法的 HID 方法对水成物粒子进行了分类显示。在对整个播撒区域和整块雹云水成物粒子的统计分析中，为了展示播撒前后各类水成物主导距离库数量的变化，在雹云对流中心选取尺寸与 C1（包含 C0）相同的区域作为 18:47 和 19:14 的统计区域。

HID 结果显示播撒开始时（图 7.8a1—a3、图 7.9a），AG 粒子主要分布在 2～5 km 雹云边缘的弱回波区。雹云的对流核心主要为 LDG 与 HDG，RN 和 DZ 位于 0 ℃层以下，其中 HID 结果中云内 0 ℃层以上的 RN 考虑为过冷水（Zhao et al.，2020）。此时，雹云中上部冰雹形成区已经存在 RH，并且与 RHI 上 Z_H 大于 45 dBZ 的回波位置一致。在 T1a 时段，RH 从 5 km 下落至－5～－10 ℃层附近的过冷水蓄积区中（图 7.9b），在 T1b 时段，RH 下落至研究区域以下（图 7.9c）。

表 7.2 给出了 T1 和 T2 早期时段 C0、C1 和 C2 中各水成物主导距离库数量的变化（表内黑体和斜体分别代表了减少和增多）。如表 7.2a 所示，在 T1a 时段，C0 中 RH、HDG 和 AG 减少，LDG 和 SWA 增多。在 T1b 时段，RH 继续减少，LDG 和 SWA 大幅减少，同时 AG 和 CR 大幅增多。在 T2 的早期时段，LDG 和 SWA 增多，

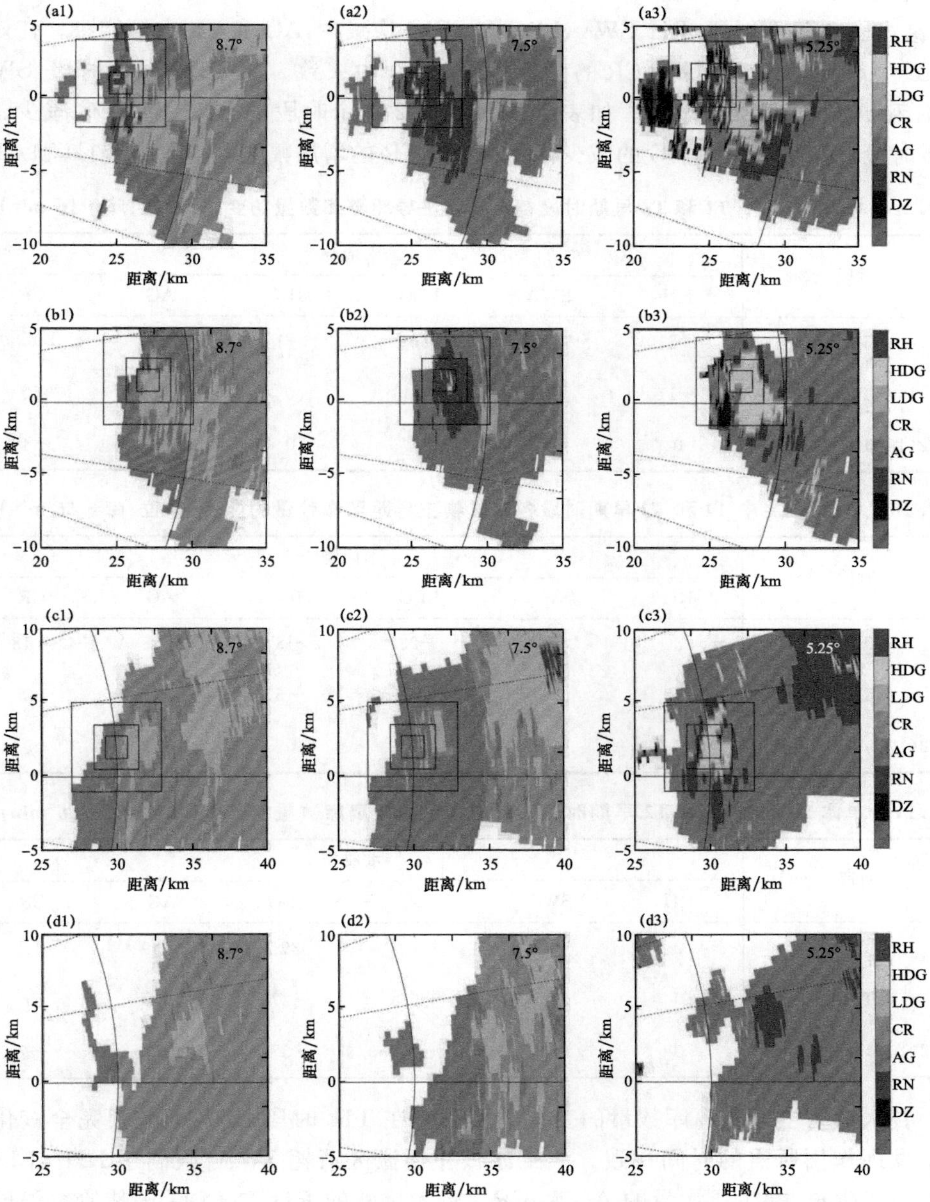

图 7.8　单体 1 T1 和 T2 早期时段各仰角 HID 结果(Lu et al. ,2023)
(a1)—(a1)18:54;(b1)—(b3)19:00;(c1)—(c3)19:07;(d1)—(d3)19:14,
仰角如图中标示,黑框表示 C0、C1 和 C2

AG 和 CR 减少。通过对比得知,T1b 时段水成物粒子的变化明显不同于其他两个时段。如表 7.2b 所示,在 T1a 时段,C1 中的 RH 和 SWA 增多,LDG、HDG、AG 和 CR 减少。在 T1b 时段,RH、SWA、LDG 和 HDG 均减少,AG 和 CR 大幅增多。在该时段 C1 中 SWA、LDG、AG 和 CR 的变化趋势与 C0 中一致。在 T2 的早期时段,SWA、LDG 和 AG 减少,LDG 增多。如表 7.2c 所示,C2 三个时段中 SWA 和 LDG 减少。在 T1b 时段,C2 中 SWA、LDG 的减少幅度和 AG、CR 的增加幅度均明显小于 C0 和 C1。

表 7.2a　单体 1 C0 中 T1 和 T2 早期时段各水成物主导距离库数量的变化(单位:库·(6 min)$^{-1}$)

时段	水成物					
	RH	SWA	LDG	HDG	AG	CR
T1a	−51	*6*	*66*	−1	−44	0
T1b	−11	−41	−120	0	*93*	*52*
T2(19:07—19:14)	0	*26*	*55*	0	−73	−40

表 7.2b　单体 1 C1 中 T1 和 T2 早期时段各水成物主导距离库数量的变化(单位:库·(6 min)$^{-1}$)

时段	水成物					
	RH	SWA	LDG	HDG	AG	CR
T1a	*3*	*29*	−23	−3	−25	−18
T1b	−9	−58	−196	−6	*61*	*145*
T2(19:07—19:14)	0	−16	*32*	0	−18	−59

表 7.2c　单体 1 C2 中 T1 和 T2 早期时段各水成物主导距离库数量的变化(单位:库·(6 min)$^{-1}$)

时段	水成物					
	RH	SWA	LDG	HDG	AG	CR
T1a	0	−72	−10	*29*	−39	*11*
T1b	0	−18	−65	−27	*8*	*51*
T2(19:07—19:14)	0	−20	−7	−37	*30*	−7

各水成物主导距离库数量的变化主要发生在 T1b 时段,其与碘化银完全核化后开始发挥作用所需的时间一致。人工冰核在播撒区消耗 SWA,限制了 RH 和 LDG 的进一步生长,并生成大量的 AG 和 CR。较大尺寸的 RH 和 LDG 比其他粒子更早的下落至过冷水累积带中,造成 0 ℃层附近 HDG 的短暂显著增多。一些 LDG 在此时转化为 HDG。随着大量粒子生长至降水尺度,粒子的沉降作用减弱上升气流。此外,C2 中水成物变化趋势与 C0 和 C1 的趋势相反(或变化趋势相同,但幅度较小),进一步说明了人工播撒对雹云播撒区内的微物理过程产生了一定的影响。在

T2 时段，随着人工冰核的耗尽，大量的 CR 被吹至云顶或并连形成 AG，AG 进一步增长为 LDG，SWA 的消耗速率减小(图 7.9d)。

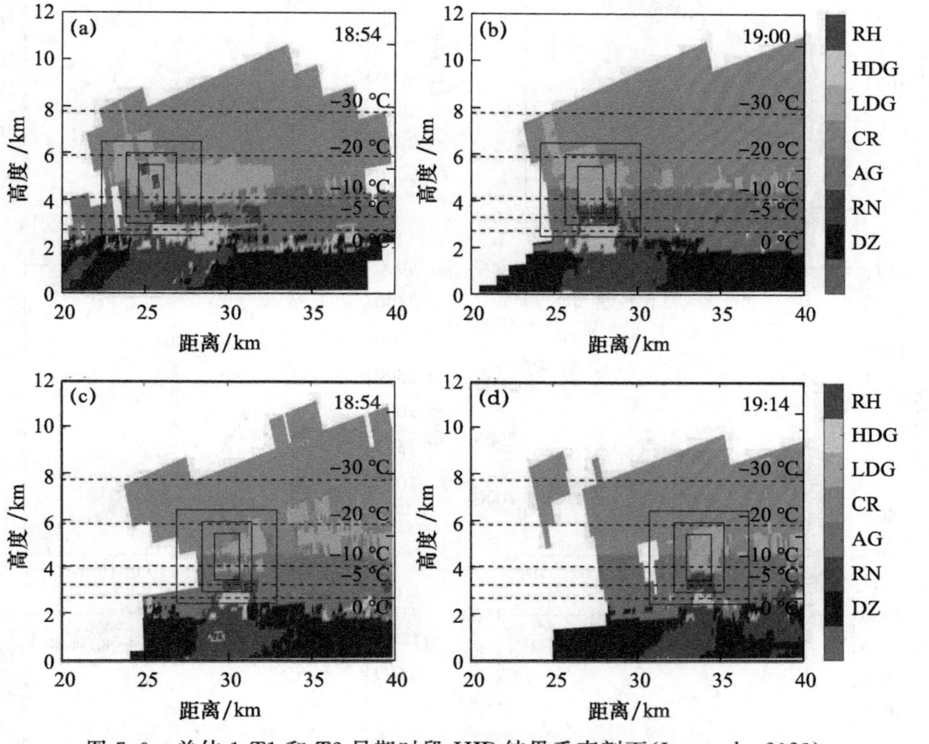

图 7.9　单体 1 T1 和 T2 早期时段 HID 结果垂直剖面(Lu et al.,2023)
(a)18:54;(b)19:00;(c)19:07;(d)19:14,剖面方向如图 7.4 所示,黑框表示 C0、C1 和 C2

为了更完整地展示云内水成物粒子随着时间的演变，将整块雹云和播撒区域(C0 和 C1)作业前后各水成物主导距离库数量的变化做对比(图 7.10)。在 T1 时段，C0 和 C1 中 RH、SWA、LDG 和 HDG 主导距离库的数量分别减少了 100%、53.4%、41.1%和 76.6%，减少速率分别约为 43 库 · min^{-1}、42.8 库 · min^{-1}、112.7 库 · min^{-1}和 6 库 · min^{-1}。AG 和 CR 主导距离库的数量分别增加了 53%和 119.4%，增加速率分别约为 60.2 库 · min^{-1}和 60.9 库 · min^{-1}。与播撒区域中水成物粒子变化不同的是，整块雹云播撒后各水成物主导距离库的数量均减少。然而，在 C0 和 C1 中有引入人工冰核造成的 SWA 和 LDG 主导距离库数量的明显变化，尤其是 AG 和 CR 的增加。因此，播撒后碘化银迅速沿播撒路径核化产生大量人工冰核，其与自然雹胚“争食”过冷液滴和云滴，抑制雹粒子和霰胚的生长。由于雹云早期阶段上升气流较弱，冰雹和大粒径冰相粒子在长大前降落并融化，引发“早期降雨”。降雨进一步消耗了云内含水量，避免冰雹灾害的发生。

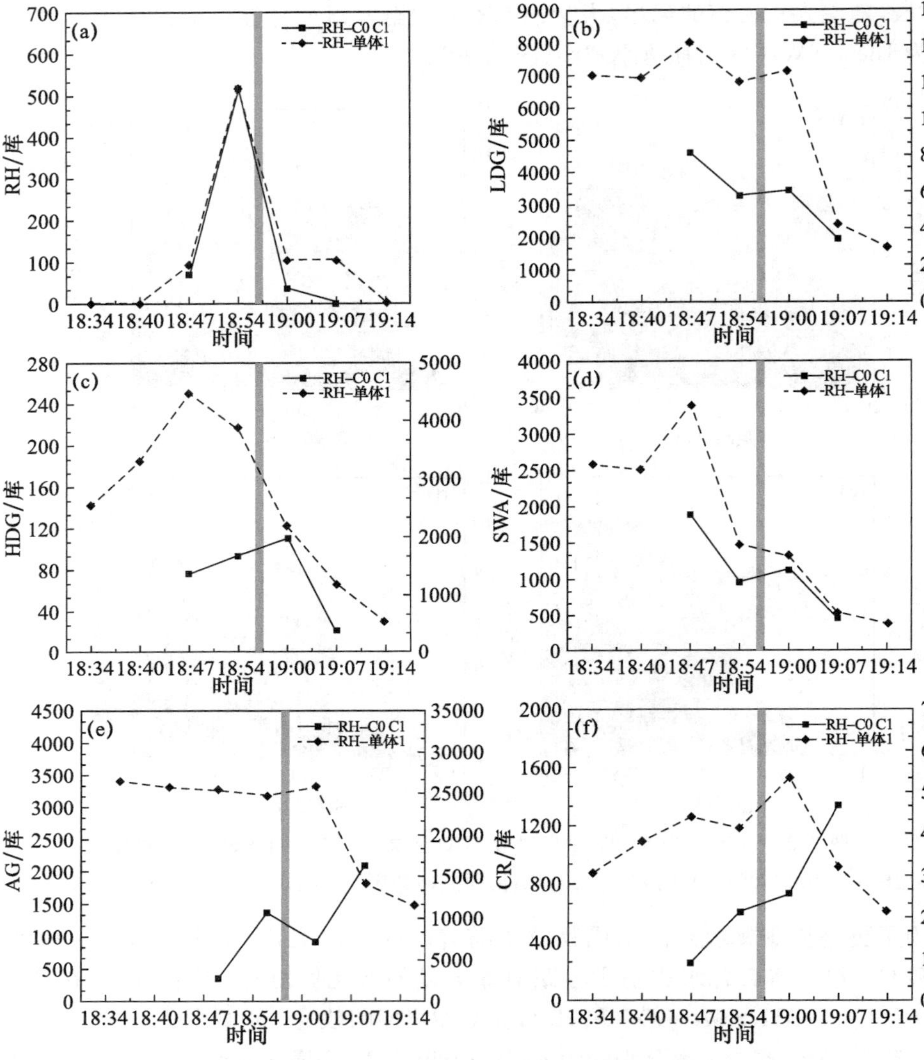

图 7.10　单体 1 播撒前后各水成物主导距离库数量的变化(Lu et al.,2023)

(a)RH;(b)LDG;(c)HDG;(d)SWA;(e)AG;(f)CR,实线对应左轴,虚线对应右轴,阴影区域表示播撒时间

7.4.5　多单体雹暴防雹的物理概念模型

由多单体雹暴作业前后雹云的宏微观特征可知,作业时单体处于发展阶段,云顶突起。此时云内上升气流占主导地位,上升气流将凝结核和水汽输送至高空通过核化和冻结形成大量的冰晶。部分冰晶发生并连形成聚合物,因重力作用沉降至云体上升气流较弱的边缘区,部分撞冻过冷云滴通过干增长形成低密度霰。下落的聚

合物和少量低密度霰在上升气流中部的过冷水蓄积区内凇附过冷水通过湿增长形成高密度霰。多单体雹云的上升气流相较于超级单体(或强多单体)较弱且周期较短,冰粒子在上升气流中生长为冰雹的时间有限。大部分雹胚在主单体弱回波区前缘上升气流较弱的饲养单体中形成,通过合并或湍流输送至主上升气流中进一步增长为冰雹。雹胚悬浮在主上升气流−20 ℃层附近,其周围围绕着低密度霰和过冷液滴,雹胚在此处主要通过碰撞冻结或凝华发生增长。待冰雹生长至一定尺度时,受重力作用下落至过冷水蓄积区内进一步凇附增长为可降落至地面的大雹。

此类多单体雹云防雹作业应主要遵循"云水冻结"和"利益竞争"等防雹假说。引入人工冰核的位置应为主上升气流中的过冷水蓄积区与高层的冰雹形成区。人工冰核进入雹云后迅速发生核化,使云滴发生冻结形成冰晶和冻滴。由于冰雹对冰晶的收集效率低于过冷水滴,因而在一定程度上限制了冰雹在高层的增长。播撒于过冷水蓄积区边缘的人工冰核,可刺激过冷雨滴快速冻结生成毫米级的冻滴雹胚,充当竞争胚胎以争夺可用的过冷水。随着降水粒子数量和尺寸的进一步增加,环境浮力不再足以支撑,高层的冰雹和低密度霰开始下落至过冷水蓄积区内,并在此凇附过冷水形成更多高密度霰,高层原位置生成大量的冰晶和聚合物。当冰雹和高密度霰增长至末速度大于上升气流速度时,沿上升气流后部下落并融化,冰相粒子的沉降作用和冷却蒸发进一步减弱上升气流。上升气流的减弱使单体云顶逐渐扁平,但大量较轻的冰晶仍被上升气流吹至高处,表现为宏观探测上播撒后一段时间内较高维持的云顶。此时云内同时存在上升运动与下沉运动,−10 ℃层上方已无冰雹粒子再次生成,冰相粒子下落融化形成降雨。在雹云发展早期阶段通过"云水冻结"和"利益竞争"引发"早期降雨",降水冷却蒸发抑制上升气流的发展,减少云体含水量以及可以上升到冰雹形成区的过冷云水量,从而消雹或减小到达地面冰雹的大小。将上述多单体雹暴防雹作业前后的云宏观结构和云内微物理特征构建为防雹概念模型,如图 7.11。

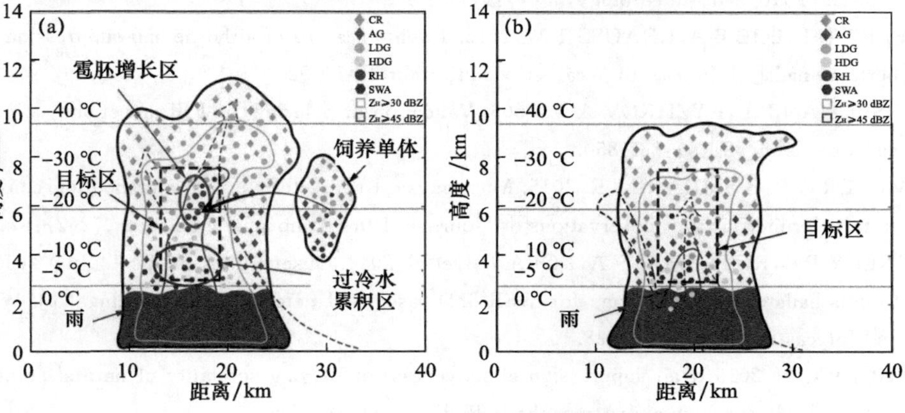

图 7.11　威宁普通多单体雹暴人工防雹概念模型

(a)作业前;(b)作业后。(灰色虚线区为上升气流,黑色虚线区为下沉气流,黑色箭头为雹胚运动轨迹)

参考文献

李连银,1996.用雷达回波参量变化分析高炮人工防雹效果[J].气象,22(9):26-30.

李培仁,裴巨才,孙鸿娉,等,2002.一次强降雹天气过程的人工防雹作业[J].气象,28(7):29-32.

申亿铭,陈吉航,1983.飞机播撒催化剂的叠加效应[J].南京气象学院学报,2:239-246.

王莎,沙勇,宋金妹,等,2019.冀东地区冰雹云多普勒雷达参数特征分析[J].气象,45(5):713-722.

许焕斌,段英,2001.冰雹形成机制的研究并论人工雹胚与自然雹胚的"利益竞争"防雹假说[J].大气科学,25(2):277-288.

周毓荃,朱冰,2014.高炮、火箭和飞机催化扩散规律和作业设计的研究[J].气象,40(8):965-980.

BROWNING K A, ATLAS D, 1977. Some new approaches in hail suppression experiments[J]. Journal of Applied Meteorology and Climatology, 16(4):327-332.

CHANGNON J S A, STANLEY A, 1977. On the Status of Hall Suppression[J]. Bulletin of the American. Meteorological Society, 58(1):20-28.

DESSENS J, SÁNCHEZ J L, BERTHET C, et al, 2016. Hail prevention by ground-based silver iodide. generators. Results of historical and modern field projects[J]. Atmospheric Research, 170:98-111.

DETWILER A G, 2002. Some Reflections on Hailstorms and Hail Suppression[J]. The Journal of Weather Modification, 34(1):64-72.

FOOTE G B, KNIGHT C A, 1979. Results of a Randomized Hail Suppression Experiment in Northeast Colorado. Part I: Design and Conduct of the Experiment[J]. Journal of Applied Meteorology and Climatology, 18(12):1526-1537.

FEDERER B, WALDVOGEL A, SCHMID W, et al, 1986. Main Results of Grossversuch IV[J]. Journal of Applied Meteorology, 25(7):917-957.

GILBERT D B, BOE B A, KRAUSS T W, 2016. Twenty seasons of airborne hail suppression in Alberta, Canada[J]. Journal of Weather Modification, 48:68-92.

HEINSELMAN P L, RYZHKOV A V, 2006. Validation of polarimetric hail detection[J]. Weather and forecasting, 21(5):839-850.

HOMEYER C R, KUMJIAN M R, 2015. Microphysical characteristics of overshooting convection from polarimetric radar observations[J]. Journal of the Atmospheric Sciences, 72(2):870-891.

KENNEDY P C, RUTLEDGE S A, DOLAN B, et al, 2014. Observations of the 14 July 2011 Fort Collins hailstorm: Implications for WSR-88D-based hail detection and warnings[J]. Weather and forecasting, 29(3):623-638.

KOVAČEVIĆ N, 2019. Hail suppression effectiveness for varying solubility of natural aerosols in water[J]. Meteorology and Atmospheric Physics, 131:585-599.

KRAUSS T W, BRUINTJES R T, et al, 2000. A new hail suppression project using aircraft seeding in Argentina[J]. The Journal of Weather Modification, 32(1): 73-80.

KUMJIAN M R, 2013. Principles and Applications of Dual-Polarization Weather Radar. Part I: Description of the Polarimetric Radar Variables [J]. Journal of Operational Meteorology, 1: 226-242.

LU Y, ZHOU Y, et al, 2023. The macro-and microphysical response characteristics of the multicell hailstorm hail-suppression operation: Case study[J]. Journal of Applied Meteorology and Climatology, 62: 1243-1262.

PICCA J, RYZHKOV A, 2012. A dual-wavelength polarimetric analysis of the 16 May 2010 Oklahoma City extreme hailstorm[J]. Monthly Weather Review, 140(4): 1385-1403.

WMO, 1995. Meeting of experts to review the present status of hail suppression[M]. WMO/TD-NO: 746.

SCHICKEDANZ P T, CHANGNON S A, 1970. The design and evaluation of hail suppression experiments[J]. Monthly Weather Review, 98(3): 242-251.

SIMEONOV P, 1996. An overview of crop hail damage and evaluation of hail suppression efficiency in Bulgaria[J]. Journal of Applied Meteorology and Climatology, 35(9): 1574-1581.

SONKA S T, CHANGNON J S A, 1977. A methodology to estimate the value of weather modification projects: an illustration for hail suppression[J]. Journal of Applied Meteorology and Climatology, 16(7): 677-682.

SNYDER J C, BLUESTEIN H B, et al, 2013. Observations of polarimetric signatures in supercells by an X-band mobile Doppler radar[J]. Monthly weather review, 141(1): 3-29.

ZHAO C, ZHANG Y, ZHENG D, et al, 2020. An improved hydrometeor identification method for X-band dual-polarization radar and its application for one summer Hailstorm over Northern China[J]. Atmospheric research, 245: 105075.

